Matthias Röcke · **Das große Mercedes-Ponton-Buch**

HEEL

DAS GROSSE MERCEDES-PONTON-BUCH

Matthias Röcke

HEEL

IMPRESSUM

HEEL-Verlag GmbH
Hauptstraße 354 · 53639 Königswinter
Tel. (0 22 23) 2 30 27

Verantwortlich für den Inhalt:
Matthias Röcke

Gesetzt aus der ITC Bookman leicht 11 / 13
Papier: Mediaprint 150 g

Gestaltung und Satz (Fremddatenübernahme):
Fotosatz Hoffmann, Hennef

Lithos: Fotosatz Hoffmann, Hennef

Druck: PDC – Paderborner Druck Centrum, Paderborn

ISBN 3-89365-361-9

Inhaltsverzeichnis

Der neue 220 macht sich auf den Weg.

Vorwort

Meine erste Fahrt in einem Ponton-Mercedes war kurz und hektisch. Es ging auf Reisen, und das bedeutete Mitte der fünfziger Jahre für uns, es ging zum Bahnhof. Noch ungewöhnlicher als das Ereignis der Reise war die Tatsache, daß für die erste Etappe ein Taxi bestellt wurde. Unvergessen der Eindruck, den der schwarze 180 D auf mich machte. Mit welcher Ruhe und Eleganz der Taxichauffeur das elfenbeinfarbene Lenkrad durch die Finger gleiten ließ, wie leise der Wagen lief trotz Diesel und wie gut es in dem Auto roch. Platz gab es reichlich. Leider war die Fahrt viel zu schnell zu Ende.

Heute ist der Ponton-Mercedes ein Oldtimer. Und zwar einer von jenen gar nicht so häufigen klassischen Autos, die nie ganz aus dem Straßenbild verschwunden waren. Als die ersten restaurierten Exemplare auftauchten, liefen die allerletzten fast verbrauchten Wagen noch in treuen Alltagsdiensten. Das übt die besondere Faszination gerade solcher Fahrzeuge aus, sie stehen immer in Bezug zur greifbaren Realität. Dazu entstammen sie einer sehr wichtigen Phase der Geschichte der Bundesrepublik Deutschland. Mit dem Erscheinen des 180 im Jahre 1953 waren bei Daimler-Benz und anderswo die Provisorien vorbei. Das Wirtschaftswunder stand kurz bevor. Automobilhistorisch gesehen war der 180 der erste nach dem Zweiten Weltkrieg völlig neu entwickelte Großserienwagen von Mercedes. Natürlich faszinieren auch Design und Technik des 180, 190, 219, 220, 220 S und SE, von Coupé und Cabriolet. Der 190 SL kommt in diesem Buch nur am Rande vor, obwohl er technisch zur Ponton-Reihe zählt. Er wird aber vom Typenzusammenhang und vom Image her den allgemein als eigenständig angesehenen SL zugeordnet.

Die vielschichtige Faszination, die von diesen Autos ausgeht, hat bei der Arbeit zum Buch besondere Freude gemacht. Ich hoffe, das auch dem Leser vermitteln zu können, damit er von den schönen Modellen der Ponton-Baureihe einen positiven Eindruck gewinnt.

Von vielen Seiten habe ich dabei Unterstützung erfahren. Zum Beispiel von jenen Mitgliedern der IG Ponton, die an zwei Tagen mit ihren Fahrzeugen durch die Eifel rollten, um dem Fotografen die passenden Bilder zu ermöglichen. Von Helmut Baaden von der IG Ponton, der mir mit seinem technischen Wissen und kompletten statistischen Zahlenwerk über Klippen half. Von Roland Rittmann, dem großen Kenner der kleinsten Mercedes. Von Kurt Krulik, der wieder einmal sein Motorarchiv öffnete und aus seinem großen Schatz die Ponton-Prospekte heraussuchte. Und ganz am Schluß sei die umfangreichste Unterstützung genannt: die des Daimler-Benz-Archivs in Untertürkheim (Abteilung Archiv, Geschichte, Museum) und der Film- und Fotoabteilung EP/PITD von Mercedes-Benz in Sindelfingen. An beiden Stellen arbeiten unkompliziert tatkräftige, hilfsbereite und freundliche Mitarbeiterinnen und Mitarbeiter. Ihnen und allen anderen sei herzlich gedankt.

Der Autor

841505

Auto und Alltag in den fünfziger Jahren

Aus der Perspektive der hektischen neunziger Jahre mit ihren Erkenntnissen über in mancher Beziehung auch negative Folgen von Wohlstand und Streben nach Erfolg können die fünfziger Jahre leicht als zu idyllisch erscheinen. Freute man sich 1953 nicht noch über jedes erworbene Möbelstück, war da der Groschen nicht noch etwas wert? Half man sich nicht spontan und uneigennützig, weil es noch niemandem so richtig gut ging und also keiner viel zu verlieren hatte? Gewiß war es so. Was aber die Erinnerung verdrängt, sind die Ängste vor der Zukunft, gepaart mit dem Schock, den das Ausmaß der Katastrophe des Dritten Reiches ausgelöst hatte. Der beginnende Kalte Krieg zwischen dem demokratischen Westen und den kommunistisch regierten Staaten beruhigte nicht eben die Gemüter, Krisen wie der Koreakrieg, die Aufstände in der DDR, in Polen und Ungarn, die Suez-Krise und die Kämpfe in den Kolonien der europäischen Nachbarstaaten ließen viele Bürger der damaligen Bundesrepublik nur mit Schaudern an die hohe Politik denken. Noch befand sich das Land im Besatzungsstatus, erst der Deutschlandvertrag von 1955 brachte weitgehende Souveränität.

Äußerlich erkennbar machten dieses wichtige Ereignis in der Welt des Automobils übrigens die neuen polizeilichen Kennzeichen. Bis dahin hatten die Kennzeichen der Besatzungszonen gegolten, jetzt wurden die an Städtenamen orientierten Buchstaben eingeführt. Zur Beschäftigung mit der deutschen Vergangenheit waren die meisten Menschen nicht in der Lage, sie flüchteten sich statt dessen in unermüdliche Aufbauarbeit. (Und gerade das wurde ihnen in den unruhigen sechziger Jahren von ihren Kindern vorgehalten.)

Links:
Dreimal Eleganz. Ein Pressefoto für den belgischen Markt.

Nachfolgende Doppelseite:
Sehnsucht der frühen fünfziger Jahre: Reisen sind wieder möglich.

Es war bestimmt nicht leicht, in dieser Zeit eine Familie zu gründen und zu ernähren. Um sich den Optimismus bewahren zu können, hatte der Mensch schöne Träume bitter nötig. Und der wichtigste Traum jener Jahre war das Auto. An mehr, wie etwa ein Eigenheim, war nicht einmal im Traum zu denken, viele suchten erst einmal nach einer Wohnung, um aus dem Untermieterstatus herauszukommen. Anfang der fünfziger Jahre war ein Auto für fast alle noch so unerreichbar, daß zunächst jedem wieder produzierten Motorrad und jedem neuen Motorroller die Rolle zufiel, die Träume zu nähren. Später waren es dann die Rollermobile und die Kleinwagen. Selbst letztere zielten auf Angehörige besser verdienender Berufe, wie zum Beispiel der Kleinschnittger (1950 bis 1954), ein flotter, aber primitiver Flitzer. Rechtsanwälte, Architekten und Handlungsreisende waren die umworbenen Gruppen. Wie ein König fühlte sich, wer einen VW Käfer sein eigen nennen konnte. Mercedes-Limousinen und später gar die Sportwagen blieben noch einer kleinen Minderheit vorbehalten.

1950 betrug das Durchschnittseinkommen einer Arbeitnehmerfamilie 243 DM, vier Jahre später 467 DM, um 1960 rund 700 DM (die durchschnittliche Wochenarbeitszeit lag bei 48,6 Stunden, an Samstagen wurde selbstverständlich halbtags gearbeitet). Der neue Mercedes 180 stand zunächst mit 9950 DM auf der Liste, wurde allerdings mehrfach verbilligt und kostete 1956 noch 8760 DM. Solche Preissenkungen spielten damals eine große Rolle. Die Automobilindustrie sah sich bemüßigt, Rationalisierungserfolge an die Kundschaft weiterzugeben. Der billigste Volkswagen Käfer bewegte sich von 5300 DM unmittelbar nach der Währungsreform 1948 bis auf 3790 hinunter (1957).

Für den Lloyd 400 mußten 1954 stolze 3665 DM auf den Tisch geblättert werden. Das fiel schwer, wenn man bedenkt, daß von 467 DM Einkommen 180 für Lebensmittel ausgegeben werden mußten und die

Selbst für Besitzer eines 220 S waren Flugreisen eine Besonderheit. Die Vorfahrt bis ans Flugzeug war wohl nur dem Fotografen gestattet.

Mieten zwischen 70 und 100 DM lagen. Gegenüber späteren Jahrzehnten fallen die hohen Ausgaben für Lebensmittel auf. 1953 kostete ein Kilogramm Fleisch im Schnitt 4,50 DM, ein Kilogramm Mehl 79 Pfennige, fünf Kilogramm Kartoffeln 98 Pfennige und ein Kilogramm Kaffee 22,60 DM. Auch Gegenstände des täglichen Bedarfs waren noch sehr teuer, das Wohnen hingegen weit billiger als zum Beispiel in den achtziger und neunziger Jahren. Ein durchschnittlicher Motorroller kam übrigens auf rund 1500 DM, der berühmte Kompromiß zwischen Roller und Auto, der Messerschmitt Kabinenroller, erschien 1953 für 2470 DM auf dem Markt. Wenn für das Auto Steuer und Versicherung damals mit 30 DM im Monat zu Buche standen, war dies ein gewichtiger Posten im Familienetat. Der Liter Benzin kostete 1953 auch schon 66 Pfennige, Diesel allerdings nur 40. Im Jahre 1969 lag der Benzinpreis übrigens auf einem Rekordtief (49 Pfennige) und 1982 auf dem bisherigen Rekordhoch (1,44 DM). Nur das dann kaum noch in Anspruch genommene Super verbleit war Anfang der neunziger Jahre noch teurer.

Als der Mercedes 180 erschien, überwogen noch die wirtschaftlichen Sorgen. Noch gab es gut eine Million Arbeitslose bei einer Zahl von 17,5 Millionen Erwerbsfähigen. Die gute Nachricht aus Bonn im Jahre 1954, daß es von nun an jedem Deutschen gestattet sei, bei einer Auslandsreise bis zu 1500 DM an Devisen auszugeben, wird deshalb von vielen wie eine Botschaft aus einer fernen Welt aufgefaßt worden sein. Ein Exportüberschuß und eine positive Devisenbilanz hatten diese Maßnahme ermöglicht. Es war aber noch zu früh für die große Reisewelle über die Alpen ins Traumland Italien. Die Paßkontrolle fand übrigens anfangs der fünfziger Jahre noch in der Zollbaracke statt und nicht am Wagen! Selbst ein Urlaub im Schwarzwald etwa für eine Familie aus dem Ruhrgebiet ließ sich nur bei überdurchschnittlich guten wirtschaftlichen Verhältnissen verwirklichen.

Erst gegen Ende der fünfziger Jahre war die unmittelbare Aufbauarbeit so weit abgeschlossen, daß größere Bevölkerungsgruppen an Fernreisen denken konnten, zumal es nicht mehr zu schweren politischen Erschütterungen kam. Zum Lebensstandard zählte die jährliche Reise aber nur bei einem Drittel der Bundesbürger.

Für Daimler-Benz blieb zwar kein sehr großer Kundenstamm, die Stellung des Konzerns war aber trotzdem gefestigt. 1953 konnten 21 912 Autos mit dem Stern im Inland neu zugelassen werden, immerhin ein Marktanteil von rund zehn Prozent. Die 28 712 des folgenden Jahres entsprachen demselben Marktanteil. Sicherlich hatten damals schon Dienstwagen und gewerblich genutzte Fahrzeuge einen überdurchschnittlich hohen Anteil an den Verkäufen. Dennoch wuchs die Bevölkerungsgruppe mit gutem oder sehr gutem Einkommen schnell in jenen Jahren des stabilen Aufschwungs.

Die einzige Gelegenheit für Mitglieder einer Durchschnittsfamilie, einmal im Mercedes zu sitzen, blieb allerdings die Taxifahrt. Mehr als später hatte Mercedes eine Fast-Monopolstellung bei den Taxichauffeuren, die schwarzen 180 D mit ihren weißen Lenkrädern gehörten zum Straßenbild.

Ernsthafte Konkurrenz gab es im Inland über die fünfziger Jahre hinweg eigentlich nur von Opel. Die veschiedenen, zu Zeiten des Ponton-Mercedes insgesamt fünf Kapitän-Modelle hatten einen guten Ruf, ahmten den viel bewunderten amerikanischen Stil nach und wirkten deshalb meist moderner als die jeweilige Mercedes-Konkurrenz. BMW spielte keine Rolle mit seinen Sechs- und Achtzylindern, Borgward wurde mit seinem P 100 erst gefährlich, als es mit der Firma schon zu Ende ging. Die Vorgänger vom Typ 2400 erwiesen sich als völlige Fehlschläge. Ausländische Anbieter blieben ebenfalls bedeutungslos. Auch US-Wagen brachten es nicht auf nennenswerte Stückzahlen, 1953 wurden gerade 391 „Straßenkreuzer“ neu zugelassen.

Gut auf dem Markt plaziert war vor allem der 180. Einen direkten Konkurrenten hatte er nicht, er lag preislich deutlich über Borgward Isabella (ab 1954), Opel Rekord und Ford 17 M (ab 1957), aber auch klar unter der Oberklasse, in der der 220 um Käufer stritt.

Als die Ponton-Baureihe wieder abtrat, waren die Nachfolgemodelle für ein wirtschaftlich erstarktes Land entworfen, das nur wachsende Umsätze kannte und ernste Rezessionen noch vor sich hatte. Sicher auch deshalb erweckt der Anblick eines Ponton heute bei älteren Menschen positive Erinnerungen an eine Zeit, in der alles noch ganz anders war – vieles schwieriger und manches auch schöner, jedenfalls in der Erinnerung. Der Name „Ponton“ erklärte sich mit der einem streng geometrisch, geradlinig aufgebauten Schwimmelement ähnlichen Gesamterscheinung der seinerzeit modernen Autos. Erfunden wurde er in den USA für die ab 1946 eingeführten Modelle. In Europa machte Borgward mit dem 1949 vorgestellten Hansa den Anfang.

Die Autokennzeichen der Besatzungszonen (Anfangsbuchstaben):

AE = Amerikanische Exklave (Bremen)
AH = Amerikanisch-Hessen (Hessen)
AW = Amerikanisch-Württemberg (Württemberg-Baden)
AB = Amerikanisch-Bayern (Bayern)
BR = Britisch-Rheinland (Nordrhein-Westfalen)
BN = Britisch-Niedersachsen (Niedersachsen)
BS = Britisch-Schleswig (Schleswig-Holstein)
BH = Britisch-Hamburg (Hamburg)
FR = Französisch-Rheinland (Rheinland-Pfalz)
FB = Französisch-Baden (Südteil Baden)
FW = Französisch-Württemberg (Südteil Württemberg)

Ende der fünfziger Jahr war das Wirtschaftswunder längst sichtbar geworden.

S
CZ 636
D

Stand der Technik

Die Ponton-Form war in den Vereinigten Staaten von Amerika entstanden. Die meisten Modelle für 1948, spätestens 1949, wiesen das Hauptmerkmal des nach den bekannten Schwimmeinheiten genannten Designs auf. Die Kotflügel waren nicht geschwungene, optisch eigenständige Karosserieteile, sondern fügten sich scheinbar nahtlos an Motorhaube beziehungsweise Kofferraumklappe an. Ponton-Autos waren niedriger als die bisherigen und boten im Innenraum mehr Platz. Als das erste Ponton-Auto gilt der Frazer Standard von 1946. Ein Jahr später erschien der auf dieser Konstruktion basierende Kaiser Special. Die neue Linie setzte sich schnell durch, Ford folgte mit seinen Modellen für 1947, Chevrolet brachte den Styleline und den Fleetline, auch Studebaker schloß sich an. Nur Chrysler zögerte noch und beließ es für 1949 bei einer Zwischenlösung.

Der Ponton-Pionier in Deutschland war Carl F.W. Borgward. Angeblich beim Studium amerikanischer Automobilzeitschriften im US-Internierungslager hatte er die Idee für seinen dann auf dem Genfer Salon 1949 vorgestellten Hansa 1500. Dieses Auto von Borgward ging in die Geschichte der deutschen Automobilindustrie ein als die erste deutsche Nachkriegskonstruktion. Zu dieser Zeit zehrte Daimler-Benz wie fast alle anderen deutschen Hersteller von der technischen Grundlage aus den Jahren vor dem Zweiten Weltkrieg. 170 V und 170 S waren die beiden Grundtypen, bis zur Vorstellung des Nobelautos 300 würden zum Zeitpunkt der Borgward-Premiere noch zwei Jahren vergehen, bis zum völlig neuen 180 noch vier. Fast überall arbeiteten die Konstrukteure an der selbsttragenden Karosserie, verwirklicht war sie in Deutschland schon bei Opel im Olympia und Kapitän (eingeführt 1935!). Die selbsttragenden Karosserien waren leichter und sie waren billiger in der Herstellung. Niemand zweifelte daran, daß eine völlige Neukonstruktion nach diesem Prinzip gebaut sein mußte. Motoren mit oben hängenden Ventilen und seitengesteuerte Motoren hielten sich um 1950 noch die Waage. Fast alle Neukonstruktionen wiesen dann aber zumindest oben hängende Ventile auf, immer mehr auch die obenliegende Nockenwelle. Mercedes war 1951 so weit und präsentierte solche Motoren in den neuen 220 und dem später legendären 300. Die „kleinen“ Mercedes mußten warten. Nicht nur die Käufer im sich nach den Kriegsfolgen wirtschaftlich langsam erholenden Europa mußten auf jede Mark achten, auch ein (vorsichtig agierender) Autokonzern. In einem Punkt aber war der gute Stern auf allen Straßen Vorreiter: Der Dieselmotor für den Personenwagen, noch dazu in so kultivierter Form, war ein Verdienst der Techniker in Untertürkheim. Nur Borgward versuchte sich in Deutschland in den frühen fünfziger Jahren ebenfalls mit einem Diesel und nahm dafür einen Lastwagenmotor – im Hansa 1800 von 1952. Im fernen Italien erschien 1954 der Fiat 1400 D. Erst 1958

Dynamik strahlt das Gesicht des 220 aus.

gesellte sich mit Peugeot ein weiterer Dieselanbieter im Pkw-Bereich hinzu, 1962 zogen Austin und Morris nach.

Der Standardantrieb war 1953 noch üblich. Die Welle der kleineren Heckmotor-Autos stand erst bevor – im wesentlichen gepflegt von Volkswagen und Renault –, und der Frontantrieb hatte nur bei DKW eine Chance, im Osten Deutschlands unter dem Namen IFA. Auf dem Getriebesektor herrschte in jener Zeit in Europa in der Entwicklung weitgehend Stillstand. Automatikgetriebe gab es fast nur in den USA, in Europa versuchte man es lieber mit reinen Kupplungsautomaten wie auch Daimler-Benz mit seinem Hydrac-System (ab 1957). Die handgerechte Lenkradschaltung war Mode, in dieser Beziehung übten die USA nachhaltig Einfluß aus. Einzelradaufhängung und Schraubenfedern und der (bei manchen Firmen allerdings sehr lange währende) Abschied von der Starrachse kennzeichneten die Situation im Bereich der Fahrwerkstechnik. Hier war im Ponton-Mercedes mit der Eingelenk-Pendelachse im 220 von 1954 frühzeitig technischer Fortschritt umgesetzt worden. Auf die Scheibenbremse mußten Autos in Massenfertigung noch lange warten. Die ständig verfeinerten Trommelbremsen von Mercedes stellten aber immer die Spitze dar. Unerreicht war Daimler-Benz schon damals in Sachen Sicherheitstechnik. Dauerhaft blieb der Konzern in seiner Vorreiterrolle, wenn auch in den achtziger und zu Beginn der neunziger Jahre kaum noch eine Automobilfirma unter den Nachahmern fehlte. 1953 kümmerte sich niemand systematisch um die passive und aktive Sicherheit eines Autos, außer Mercedes (siehe dazu gesondertes Kapitel).

Autofahren war zu Beginn der fünfziger Jahre noch ziemlich kompliziert. Das Erlebnis, wegen eines Defektes liegen zu bleiben, war jedem Autofahrer vertraut. Deshalb ging der Kundschaft Zuverlässigkeit vor technischer Revolution. Deshalb auch hatte Mercedes keine Probleme mit seinen in mancher Beziehung nicht ganz aktuellen Fahrzeugen und konnte es sich leisten, den 180 mit dem alten, seitengesteuerten Motor zu bringen. Technische Vorreiter wie Borgward dagegen hatten mehr zu kämpfen, auch wegen Anfangsmängel der neuen Autos. Dennoch war gerade Borgward auf dem heimischen Markt durchaus ein Maßstab, wenn auch die Stückzahlen nicht an die von Mercedes herankamen. 1950 produzierte Mercedes von allen 170ern 33 906 Fahrzeuge, Borgward vom Hansa im ersten Produktionsjahr nur 8751. Fünf Jahre später, 1955 war das zweite volle Produktionsjahr des 180, liefen davon 38 049 vom Band, von der ein Jahr zuvor eingeführten Borgward Isabella 26 378 Stück. Die 220 brachten es 1955 auf 19 500, Hauptkonkurrent Opel Kapitän kam aber auf 31 132 Wagen. Der Vergleich hinkt allerdings etwas, denn die 220er waren teurer als die Kapitäne, und einen Diesel hatte Opel nicht zu bieten. Dennoch war Opel der große Konkurrent, als Alternative genau zwischen 180/190 und dem 220 plaziert. Ford backte noch kleinere Brötchen, BMW stellte mit seinen großen Limousinen keinen ernstzunehmenden Gegner dar

Der Ponton-Mercedes tritt an.

(1955: 4758 Sechs- und Achtzylinder). Auf dem einheimischen Markt spielten Importfahrzeuge noch keine Rolle, die Situation im Ausland war naturgemäß sehr unterschiedlich. Der gute Ruf des Sterns half aber überall, Mitte der fünfziger Jahre auch wieder durch eine kurze, sehr erfolgreiche Phase im Motorsport (mit den Pontons aber nur ganz am Rande).

Rechts:
Klare Linien prägen den neuen Wagen. Der 180 wirkt aus dieser Perspektive besonders harmonisch.

STYLING

Zehn Jahre sollte diese Karosserielinie „halten". Obwohl das Design des neuen Mercedes 1953 keineswegs futuristisch wirkte im Vergleich zum deutschen Ponton-Vorreiter Borgward Hansa und den vielen von den USA bekannten Limousinen, war es modern genug für eine ganze Dekade. Erst die später „Heckflosse" genannte neue Baureihe W 111 brachte andere Begriffe Mercedes-typischer Eleganz. Denn elegant waren die Fahrzeuge in erster Linie. Modern gezeichnet waren sie auch, aber das in der Daimler-Benz eigenen Zurückhaltung. Die der jeweiligen Mode zwischendurch mehr entsprechenden vier (bis 1959, dem Erscheinen der „Heckflosse" drei) Baureihen des Opel Kapitän waren in dieser Beziehung von Anfang an viel vergänglicher.

Eine entscheidende Größe für die optische Wirkung ist der Radstand. Drei verschiedene Maße gibt es für die Limousine, 2650 Millimeter im 180, 2750 Millimeter im 219 und 2820 Millimeter im 220. Diese 17 Zentimeter zuzüglich 9,5 Zentimeter im vorderen Überhang geben dem 220 gegenüber dem 180 seine besondere Wirkung (der 219 steht mit seinem Radstand genau dazwischen und hat die lange Haube des 220). Die Proportionen der längeren Karosserie stimmen beim 220 in idealer Weise.

Daimler-Benz verschloß sich nicht dem Trend der Zeit und griff die Pontonform auf. Dennoch blieben die Kotflügel als

Der 220 der Pontonbaureihe wurde zu einer der schönsten Mercedes-Limousinen in der langen Geschichte der Marke.

gestalterisches Element erhalten. Auch die Motorhaube hat noch etwas von den alten Modellen 170/220 an sich. Im Gegensatz zu anderen Ponton-Lösungen bleibt das Mittelstück hervorgehoben. Dem traditionellen Mercedes-Kühlergrill mußte Platz gelassen werden. Deutlich niedriger machte dieser Grill zum ersten Mal eine merkliche Verkleinerung durch. Was hat dieses schmückende Element im Jahre 1953 noch alles vor sich, wenn man an die S-Klasse des Jahres 1991 denkt! Aus heutiger Sicht hatte die Ponton-Baureihe noch das klassische Mercedes-Gesicht, manchem Kunden jener Zeit mag es kühn und als zu weitgehend vorgekommen sein. Überzeugend war und ist die Dreiteilung der Vorderfront aber in jedem Fall. Vor allem beim 220 mit seinem sanft abfallenden Zwischenstück, das nach beiden Seiten einen harmonischen Übergang bildet. Beim 180er ist diese Fläche durch die drei Stege auf jeder Seite des Grills unruhiger.

Die zusätzlichen Zentimeter im vorderen Überhang des großen Modells, verstärkt durch die bis zum Radausschnitt geführten Stoßfänger, den flachen, vorn auf den Kotflügeln sitzenden Blinklichtern und die schwungvolle Chromlinie an Kotflügeln und den vorderen Türen geben der gesamten Front ein majestätisches Aussehen. Der 180 mit seinen nah an die A-Säule herangerückten, tupferhaft wirkenden Blinkern muß eindeutig zurückstehen. Die Blinklichter wirken so plaziert, als habe man lange nach einem schönen Plätzchen gesucht, aber kein besseres als dieses gefunden. Dafür blieben sie immer das „Früherkennungszeichen" für den 180, noch ehe der Betrachter Radstand und Zierat erfaßt hatte. Sogar die Heckflosse hatte die aufgesetzten Blinker geerbt, ehe sie dort in der zweiten Baureihe nach vorn unter die Hauptscheinwerfer wanderten.

In der Seitenansicht finden die Rundungen vom vorderen Kotflügel in den bauchig angelegten Türen und in den hinteren Kotflügeln ihre Fortsetzung. Die Gürtellinie ist, wie es sich für eine Taille gehört, eng gezogen und nur beim 180 nicht durch eine Chromleiste betont.

Wie aus einem Guß wirkt die Heckpartie, hier der 180 D.

Die A-, B- und C-Säulen sind kräftig ausgeführt ebenso wie der Dachrand. Dadurch bleiben die Fenster relativ klein. Bessere Sicht war bei der Vorstellung des Nachfolgemodells 1959 in der Tat auch der am meisten registrierte Fortschritt gegenüber der Ponton-Karosserie. Die Dachform folgt der Anwendung der runden Linien, hier ist wirklich alles aus einem Guß.

Das gilt auch für die Heckpartie, bei vielen Autos bekanntlich die Schattenseite. Die Leuchteinheiten scheinen in die Kotflügel gewachsen zu sein, die Kofferraumhaube schließt das Fahrzeug elegant ab, Stern und Kennzeichen – letzteres seinerzeit häufig chromumrandet – teilen die glatte Fläche gleichmäßig auf. Zwei Hörner geben der Stoßstange Gestalt.

Die einzige stilistische Veränderung von Rang erfolgte erst im Jahre 1959, als die 180b/190b den breiteren Grill bekamen. Das Auto wirkte nun bei unveränderten Maßen weniger schmalbrüstig. Das war vor allem im Vergleich mit den neuen Modellen der oberen Klasse notwendig.

Wer ist der Schönste im Land, die 220 S/SE-Limousine oder das Coupé und Cabrio? Darüber streiten sich die Liebhaber der Ponton-Baureihe gern. Mit 2700 Millimeter weisen Coupé und Cabrio den vierten Radstand innerhalb der Reihe auf. Statt der Sicke in den vorderen Kotflügeln haben die beiden Stars eine dicke Chromleiste, die hinter den breiten Türen in die von der Limousine übernommene Sicke in den hinteren Kotflügeln übergeht. Diese ist nur im waagerechten Teil dünn mit Chrom betont, die abfallende Linie ist es nicht mehr. Die – gegenüber den Limousinen größeren – Heckleuchten sind die gleichen wie beim 300 d ab 1957. Sie liegen unter einer ganz zarten Andeutung einer Heckflosse versteckt.

Als Übergangsmodell aufgefrischt für weitere zwei Jahre Produktion: der 180 von 1959.

Das 220 S Coupé kam schon als Klassiker auf die Straße.

Unbestrittener Höhepunkt der Baureihe: das Cabriolet.

1956, als diese Autos erschienen, galten etwas andere Gestaltungsgrundsätze als noch zwei Jahre zuvor. Einerseits wurde mehr auf Sachlichkeit geachtet. Deshalb wollte man wohl die Rundungen nicht mehr so stark betonen und versuchte, eine horizontale Trennung der Karosserieflächen zu erreichen. Das harmoniert nicht völlig mit dem ursprünglichen Konzept. Deutlich wird dies am vorderen Abschluß der Chromlinie bei den zweifarbig lackierten Cabrios. Andererseits gab man modischen Trends nach wie mit der Panoramascheibe vorn und beim Coupé auch hinten. Daß diese Autos trotzdem einen bildschönen Eindruck machen können, liegt zum Teil an der sorgfältige Farbauswahl, besonders bei der Zweifarblackierung. Gravierend sind die stilistischen Abstriche zwar nicht, sie fallen aber doch im Vergleich zum 220 auf.

Ein eigenes Aussehen erhalten die beiden Typen durch die sehr breiten Türen und dadurch bedingt langgezogenen Fensterflächen. Die Sicke in den hinteren Kotflügeln, beim 220 verstärkt durch fein, im Ansatz sogar

S-JN 484

dick aufgetragenen Chrom, gibt dem Auto optisch Schwung. Wie die vordere Sicke reicht sie bis in die Tür. Der hintere Überhang ist länger als bei den Limousinen. Der Wagenboden ist wie bei den anderen auch durch eine Chromleiste betont.

Als das Projekt des 180 Formen annahm, stand seine fortschrittliche Karosserielinie keineswegs fest. Der erste Schritt war eine Übertragung des Designs des 1951 vorgestellten Mercedes 300. Das Foto einer solchen Karosserie im Fotoarchiv der Entwicklungsabteilung in Sindelfingen stammt vom Mai 1952. Ein Versuchswagen aus diesem Stadium der Entwicklung hat sogar Pressegeschichte gemacht: Seine Abbildung wurde in „Das Auto Motor und Sport" mit einer Variation des Gedichtes des „Erlkönig" garniert. Damit war der bis heute gültige Begriff eines auf der Straße entdeckten Prototyps geboren. Motorhaube, Kotflügel und die Aufteilung der Seitenflächen entsprachen ganz der gängigen Linie des Hauses. Vom „Erlkönig" angefangen bis zur endgültigen Pontonlinie gab es zahlreiche Zwischenstadien mit jeweils etwas stärker geglätteten Linien. Als die endgültige Pontonform dann feststand, experimentierte man mit verschiedenen Radständen. So existierte ein Wagen mit dem Vorderbau des späteren 180 und einem Radstand von 2750 Millimetern (plus 100 gegenüber der Serienversion) und einer mit 2850 Millimetern, also genau jenem des 220. Versuche am 180 mit einer dicken, über die ganze Wagenlänge reichenden Chromleiste überzeugten wohl nicht.

Bei verschiedenen im Foto festgehaltenen Varianten des Kühlergrills – eine erinnerte sogar an den Kleinwagen Gutbrod Superior – kann es sich auch um Tarnungen für die Erprobung auf der Straße gehandelt haben. Daß man ernsthaft vom traditionellen Mercedes-Gesicht abweichen wollte, ist kaum anzunehmen. Auf Zustimmung wäre aber vielleicht ein 180 mit SL-Gesicht gestoßen. Im September 1954 präsentierten die Designer diese Idee. Ernsthafter dürfte aber das Experiment gewesen sein, dem 180 das spätere Gesicht des 220 zu verpassen. Offenbar hatte bis kurz vor der Präsentation des 180 die Absicht bestanden, die traditionelle Typenbezeichnung 170 S beizubehalten. Jedenfalls zeigen Bilder der ersten neun Fahrzeuge mit der endgültigen Karosserielinie diese Kombination.

Verschiedene Vorserienwagen des 220 belegen, wie wichtig hier der Chromschmuck und die Gestaltung der Radkappen war. Das Motiv eines SL-Gesichtes taucht später bei einem Experiment mit dem Coupé auf. Im November 1955 stand ein solcher Wagen im Designzentrum zur Begutachtung, etwa zwei Monate nach der Premiere des Serienmodells. Der Versuchswagen nimmt die Frontgestaltung des späteren 230 SL (als „Pagode" ging der 1963 neue SL dann in die Modellgeschichte ein) vorweg. Außerdem gibt die fast waagerechte Chromlinie dem Muster ein gegenüber der Serienvariante völlig anderes Aussehen. Darüber hinaus gab es eine interessante Dachform für das Coupé mit einem separaten hinteren Seitenfenster.

Im Juni 1956 war man in Sindelfingen bereits mit der neuen Generation beschäftigt. Dabei hatte die später „Heckflosse" genannte Limousine zunächst die Ausmaße des Ponton-Mercedes, aber schon die Frontgestaltung der neuen Baureihe.

MOTOR

Die Vierzylinder

Die Maschine des ersten 180 war das Bindeglied zur Technik des Vorgängers. Noch einmal gab es in einem neuen Mercedes einen Motor mit stehenden Ventilen und seitlicher Nockenwelle. Das M 136 genannte Triebwerk aus dem 170 S stammte im Prinzip von 1936. Um den 1949 eingeführten Typ 170 S etwas zügiger zu bewegen als den nach 1945 zunächst weitergebauten Vorkriegs-170, war seinerzeit die Bohrung um 1,5 Millimeter erhöht und ein Leichtmetallzylinderkopf sowie ein Fallstromvergaser eingeführt worden. Damals war die Motorleistung um 14 PS auf 52 gestiegen. Notwendig war das allein schon wegen des höheren Gewichtes des gegenüber dem 170 V stattlicheren und besser ausgestatteten 170 S. Im Januar 1952 erhielt das Aggregat im

Der Fahrschemel des 180, hier mit Dieselmotor.

170 Sb für den Nockenwellenantrieb eine Duplexkette anstatt der Stirnräder. Mit diesen bescheidenen Neuerungen aus den Jahren 1949 und 1952 mußte nun der ansonsten hochmoderne 180 drei Jahre lang auskommen. Die Fahrleistungen waren denen des 170 Sb nur leicht überlegen, der Gewichtsunterschied von 70 Kilogramm und die windschlüpfrigere Karosserielinie werden da eine kleine Rolle gespielt haben. Geschadet hat der alte Motor dem neuen Auto in den Augen der Kundschaft nicht. Im Gegenteil: Der Ruf des 180 als genügsamer, zuverlässiger, wenn auch nicht sehr schneller Reisewagen stammt auch von diesem zuverlässigen und bewährten Motor. Viel trug natürlich auch der lieferbare Dieselmotor dazu bei.

Sehr eilig hatte es Mercedes mit der Einführung eines dem aktuellen Stand der Technik entsprechenden Motors nicht. Erst 1956 lief der obengesteuerte Motor vom Band, und zwar im neuen Modell 190, einer Aufrundung des Programms. Noch ein Jahr sollte die alte Maschine in Produktion bleiben, ehe die erste Überarbeitung des 180 eine leistungsreduzierte Version der Maschine M 121 aus dem 190 zur Folge hatte. Dieser Motor stammte aus dem 1955 eingeführten Sportwagen 190 SL. Durch die Beschränkung auf nur einen Vergaser – und diesen in einfacherer Ausführung – sowie einer auf niedrigere Drehzahlen abgestimmten Nockenwelle war das Sportwagenaggregat auf „zivilen“ Betrieb umgearbeitet worden. Auch die Verdichtung war niedriger. Mit seinen 75 PS erreichte der 190 die Marke von 140 Kilometern in der Stunde. Ganz ähnliche Leistungen brachte die um zehn PS gedrosselte Ausführung für den weiterentwickelten 180 des Jahres 1957 – jetzt 180a genannt. In der jeweiligen b-Ausführung erhielten die Motoren drei (180) beziehungsweise fünf PS mehr.

Eine wichtige technische Errungenschaft des Jahres 1949 war der Dieselmotor für den 170. In den Grundmaßen und im Aufbau orientierte er sich am seitengesteuerten Benzinmotor, hatte als Neukonstruktion schon hängende Ventile, aber noch die seitliche Nokkenwelle. Der als OM 636 bezeichnete Motor war ein Vorkammerdiesel. 40 PS, ab 1955 dann 43, ließ sich das Aggregat entlocken. Für damalige Verhältnisse war der Mercedes 180 D sprichwörtlich laufruhig und langlebig. Es war der erste Dieselmotor dieser Größe, der eigens für einen Personenwagen entwickelt wurde. Konkurrent Borgward verwendete für seinen Hansa 1800 Diesel, erschienen im Jahre 1953, den Motor aus dem 1,5-Tonnen-Lastwagen. Bei Mercedes beschritt man übrigens den umgekehrten Weg: Der Transporter 319 – erschienen 1956 – erhielt den Motor des 180 D und 1961 den des 190 D.

Wie die Maschine des 190 ist auch die des 190 D in ihren Grundmaßen mit dem Antrieb des 190 SL identisch: Der Kurzhuber von 1955 wurde für den 1958 herausgebrachten 190 D übernommen. Es war eine logische Konsequenz des Baukastensystems, die bewährte Dieseltechnik mit dem neuen Motor zu kombinieren. Der erste Dieselmotor des 180 blieb bis 1961 im Programm. Für ein Jahr wurde er dann noch ersetzt durch den variierten OM 621.

Die Benzinmotoren hatten übrigens einen Oktanzahlkompensator. Er hatte die Aufgabe, schlechte Benzinqualität durch eine Verzögerung des Zündzeitpunktes zu egalisieren. Bei den gedrosselten Motoren gab es dies bis 1959.

Die Sechszylinder

Die zweite wichtige Errungenschaft von Daimler-Benz in der Motorentechnik nach 1945 war neben dem Dieselmotor der Sechszylinder des 1951 vorgestellten Typs 220, der Luxusversion des 170. Überquadratisch mit kurzem Hub ausgelegt, war der 80 PS starke Motor gut für hohe Drehzahlen. Die obenliegende Nockenwelle steuerte vergrößerte Ventile. Die Kurbelwelle verfügte über einen Schwingungsdämpfer, damit der Motor trotz des schnellen Laufes ruhig blieb – mit überzeugendem Ergebnis. Mit einem Plus von 5 PS bei höherer Verdichtung erhielt die M 180II genannte Maschine ihren Platz im Ponton-220er. Wichtigste Änderungen: der Leichtmetallzylinderkopf und der größere Vegaser. Im abgemagerten Modell 219 wurde die Maschine zunächst unverändert übernommen, erfuhr aber 1957 noch einmal eine Steigerung auf 90 PS. Wieder war die Verdichtung erhöht worden. Als M 180III war der Motor schon 1956 im eigentlichen Nachfolgemodell 220 S jetzt mit stolzen 100 PS eingebaut worden, ab 1957 sogar waren es 106. Ein neue Vergaseranlage – zwei Fallstromregistervergaser – sorgte für die Leistungssteigerung des 220 S gegenüber dem 220.

Die Einspritzpumpe im 220 SE bescherte letztendlich 115 PS und eröffnete eine lange Reihe prestigeträchtiger SE-Modelle in der Geschichte der Limousinen von Daimler-Benz. Gegenüber den im 300 und 300 SL eingesetzten Anlagen kam die des 220 SE mit einer Zweistempelpumpe aus, die den Kraftstoff über zwei Verteilerblöcke zu den Einspritzdüsen führte. In den bisherigen Einspritzanlagen – wie die neuen Produkte von Bosch – hatte es ein Stempelelement pro Zylinder gegeben.

KRAFTÜBERTRAGUNG

Auf dem Getriebesektor gab es wenig Weiterentwicklung während der Ära der Ponton-Mercedes. Von den Vorgängern wurde das Viergang-Getriebe mit Lenkradschaltung übernommen. Es stand inzwischen in dem Ruf, sich gut schalten zu lassen, an die das Gefühl von

Die Rahmen-/Bodenanlage der neuen Baureihe.

Sportlichkeit vermittelnde Knüppelschaltung dachten seinerzeit weder Verkaufsmanager noch das Publikum.

Die Typen 219 und 220 S sowie später der 220 SE waren auf Wunsch mit dem Kupplungsautomaten Hydrac von Fichtel & Sachs gegen einen Aufpreis von 450 DM zu haben. Die Markteinführung erfolgte im August 1958. Der Kupplungsautomat bestand aus einer hydraulischen Kupplung mit Freilauf für den Fahrbetrieb zwischen den Schaltpausen und einer mechanischen Einscheibentrockenkupplung mit Servoaggregat zum Einlegen der Gänge. Das Servoaggregat wurde durch den Wechsel Unterdruck/Normaldruck gesteuert – ausgelöst durch Berühren des Schalthebels – und „bediente" die mechanische Kupplung. Für sanftes Anfahren und Schalten sorgte dann ein neu entwickeltes System: Hier hatte die hydraulische Kupplung ihre Aufgabe, die zwischen der mechanischen Kupplung und der Kurbelwelle angebracht war. Ihr Schlupf verminderte sich mit steigender Drehzahl. Ein Schubschalter in der Aufhängung des Differentials nahm wahr, ob das Auto gerade aktiv beschleunigte oder im Schiebebetrieb dahinrollte. Gab es Schiebebetrieb, wurde der Freilauf zugeschaltet mit dem Effekt, daß ein Bremsen mit dem Motor möglich wurde trotz der hydraulischen Kupplung. Im Schiebebetrieb stellte der Leerlauf nämlich dann eine starre Verbindung zwischen Motor und Kraftübertragung her. Nach Presseberichten funktionierte das System gut, es soll aber zu Fehlbedienungen gekommen sein durch versehentliches Auslösen von Schaltvorgängen. Kupplungsautomaten lagen im Trend der Zeit, haben sich aber später nicht durchgesetzt. Eine lange Entwicklung blieb vielmehr dem automatischen Getriebe vorbehalten, bei Daimler-Benz setzte dies erst mit der den Ponton-Modellen folgenden Baureihe ein.

FAHRWERK

Aktuell im Aussehen und aktuell in der Bauweise, diesen Anspruch erfüllt die Mercedes-Baureihe W 120 bis 128 voll und ganz. Mehr noch als die Pontonform war die selbsttragende Karosseriestruktur ein Meilenstein in der Geschichte von Mercedes. Der 300 SL, vorgestellt ein Jahr nach dem 180, war auch nicht nach der herkömmlichen Art angelegt, sondern hatte einen Gitterrohrrahmen, der mit einer Stahlblechkarosserie zusammengeführt wurde. Für die Limousinen kam nur die in der Fertigung viel einfachere selbsttragende Ganzstahlkarosserie in Frage. Opel Olympia und Kapitän aus Vorkriegsproduktion, Ford 1952 mit dem 12M und Borgward im selben Jahr mit dem Hansa 2400 hatten bereits zuvor diese Bauweise in Deutschland eingeführt. Geringeres Gewicht und reduzierter Fertigungsaufwand waren die Hauptgründe für die neue Technik, auch lagen Wagen mit selbsttragender Karosserie tiefer.

Die selbsttragende Karosserie wurde bei Mercedes mit einer Rahmen-/Bodenanlage verschweißt. Deren wichtigster Teil waren die besonders verstärkten Bleche, die die Kardanwelle umgaben. Diese Einheit verhalf zusammen mit den zwei äußeren Längsträgern und mehreren Querträgern zu großer Stabilität. Im Gegensatz zu vorher wurden jetzt Erschütterungen gleichmäßiger auf den ganzen Karosseriekörper verteilt als es bei einer Trennung von Karosserie und Rahmen der Fall gewesen war. Die Rahmen-/Bodenanlage nahm also Funktionen des alten Rahmens wahr, die völlig selbsttragende Gesamtkonstruktion war noch nicht verwirklicht. Einen Teil der Last nahm aber ein Fahrschemel auf, der vorn Motor, Federung und Lenkung abstützte. Das brachte vor allem Fertigungs- und Wartungserleichterungen.

Die Vorderradaufhängung der Vorgängergeneration genügte für die neue Baureihe vollauf, selbst für den 190 SL: Doppel-Querlenker, Schraubenfedern und Stabilisator wurden übernommen und blieben bis 1962 und noch weit darüber hinaus. Bei der hinteren Aufhängung gab es 1954 für den 220 und 1955 auch im 180 eine Neukonstruktion: Die Zweigelenk-Pendelachse trat an die Stelle der alten Pendelschwingachse. Natürlich wurden auch hier Schraubenfedern und Schubstreben verwendet. Kern der Neuheit: Das Differential-Gehäuse saß nicht starr, sondern beweglich unter der Karosserie. Die rechte Achshälfte war mit dem Gehäuse starr verbunden, die linke über ein Gelenk. Die Kräfte, die auf Hinterachse und Hinterräder Einfluß nehmen, wurden auf diese Weise aufgeteilt, was das Auto weniger übersteuern ließ und was generell zu weniger Verschleiß führte.

Alle Ponton-Mercedes verfügten über Trommelbremsen. Servohilfe gab es in Serie für den 220, 220 S und SE, auf Wunsch für den 219 und den 180 ab September 1955. Bei den Sechszylindermodellen hatten die Trommelbremsen Querverrippungen, um eine bessere Kühlung zu erreichen.

Abschmieren war noch Alltag, als der 180 erschien. Statt der bei den vorherigen Typen verwendeten Zentralschmierung war Mercedes wieder zu einzelnen Schmierstellen zurückgekehrt, 24 an der Zahl.

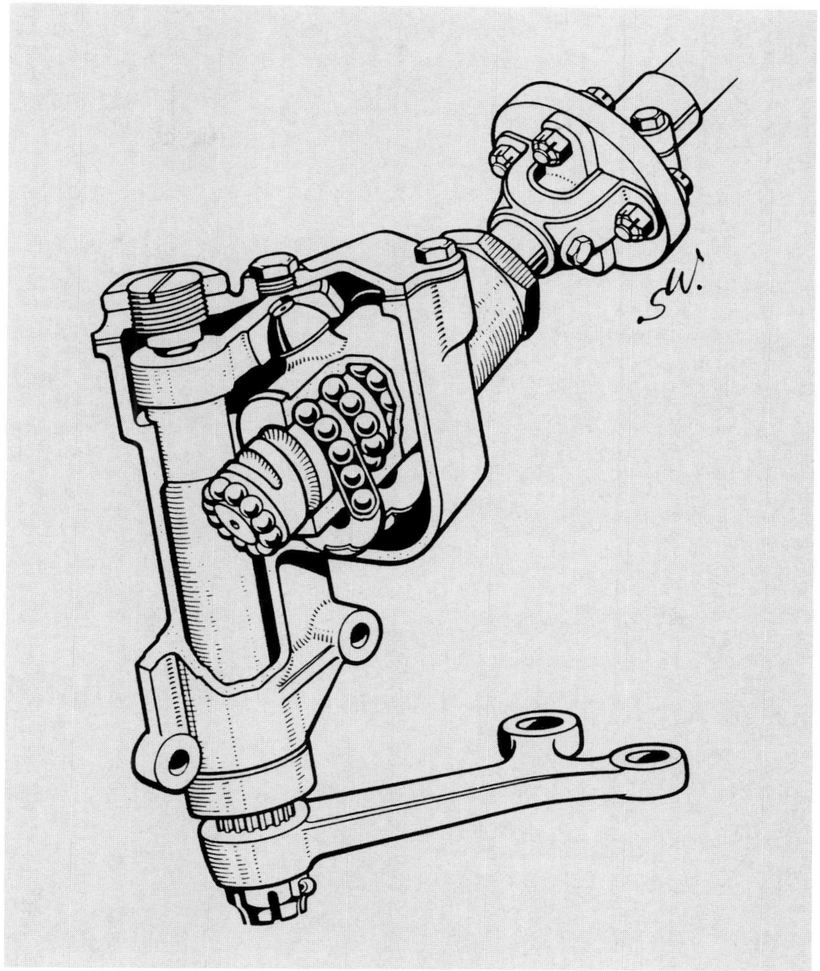

Die Lenkung des 180 in der schematischen Darstellung.

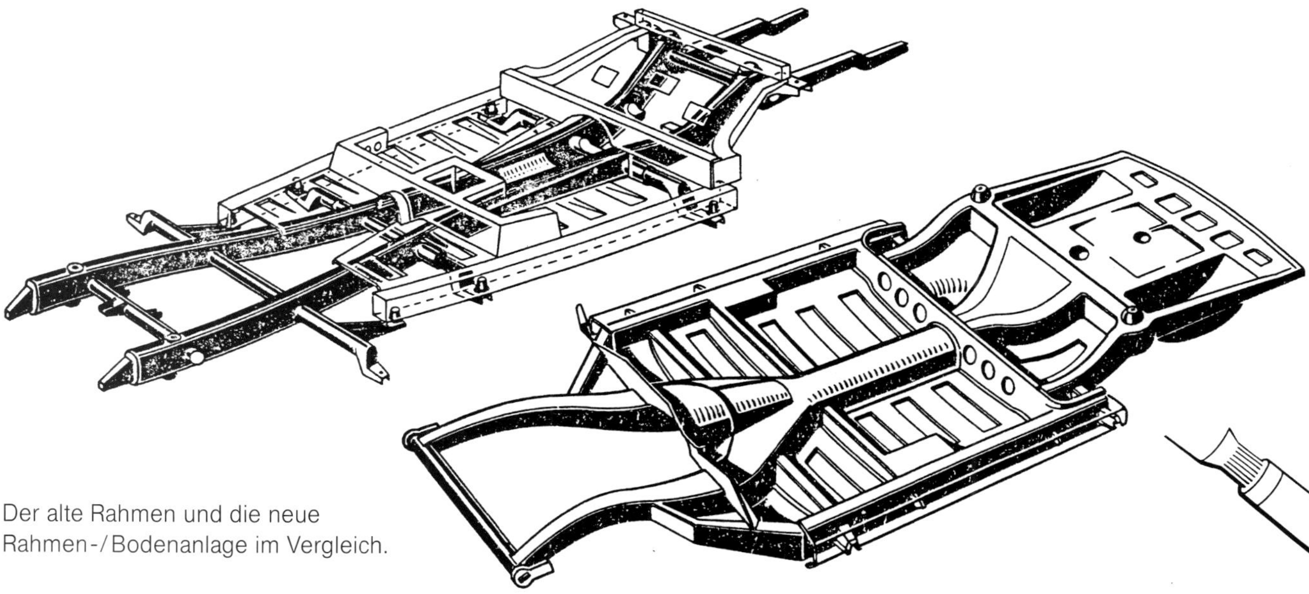

Der alte Rahmen und die neue Rahmen-/Bodenanlage im Vergleich.

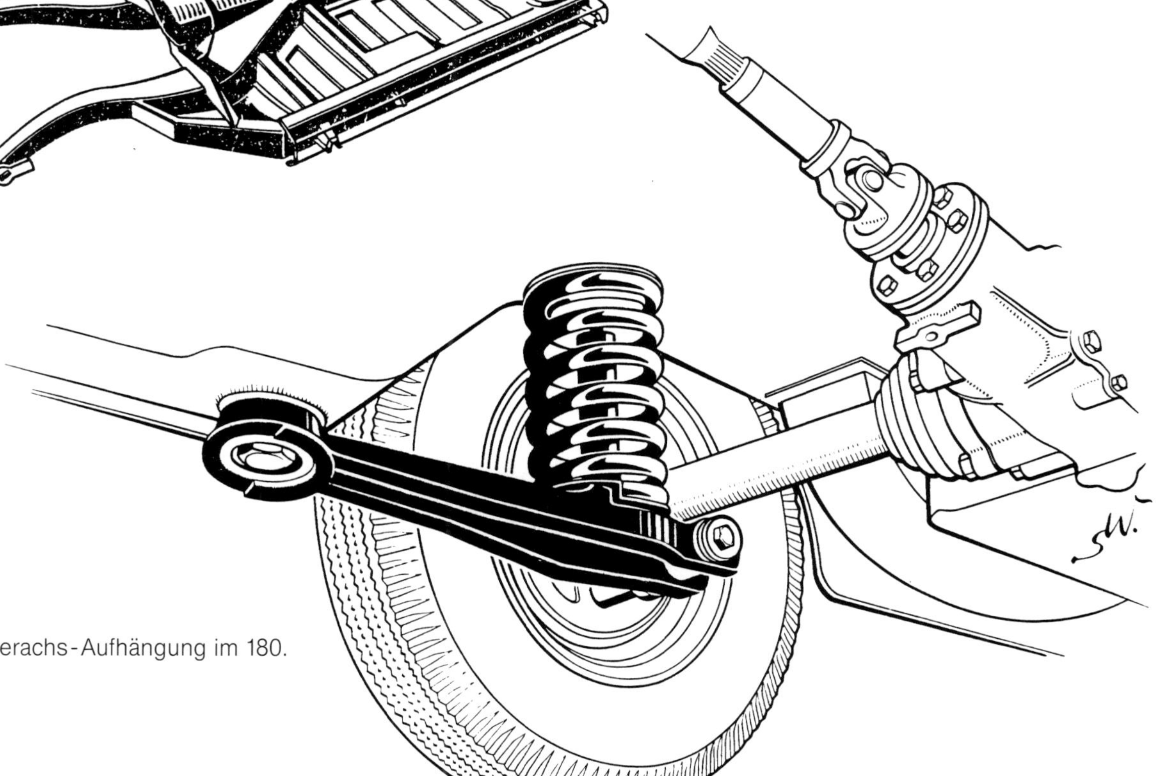

Die Hinterachs-Aufhängung im 180.

Auf dem Weg zum Ponton: Im Mai 1952 arbeiteten die Entwickler an dieser Karosserie.

Fast schon fertig ist diese Karosserie. Im Hintergrund eine Studie der Frontgestaltung.

Den Kofferraumdeckel ziert noch die alte Typenbezeichnung.

Der Zwitter: Gesicht des 220 am 180, ein Versuch aus dem Jahre 1954.

Noch ein Versuch: der edle Grill des SL am 180.

Der 180 im Radstand des 220.

Die nicht verwirklichte Chromleiste, ein Versuch am 180 aus dem Februar 1954.

Abschließbarer Tankverschluß — Mitte der fünfziger Jahre kein alltägliches Ausstattungsmerkmal.

Dezember 1953: der erste Versuchswagen des künftigen 220.

Im Chrom etwas abgemagert ist Wagen Nummer zwei.

Der dritte Versuchswagen wirkt durch seine Räder noch einfacher.

Arbeiten am 220: Die Heckpartie ist im Dezember 1953 noch nicht fertig.

Dieses Gesicht wird später beim 230 SL für Aufsehen sorgen.

Die künftige Generation läßt grüßen bei dieser Studie.

Links:
Nicht schlecht hätte dem Coupé diese Dachform gestanden.

Das Armaturenbrett im 180.

AUSSTATTUNG

Gut und zweckmäßig war die Ausstattung des 180. Nicht jeder Luxus war verfügbar, was der Wagen aber mitbrachte, hatte Hand und Fuß. Das Armaturenbrett beherrschten weniger die Instrumente als die mit Holzimitation und Kunstleder überzogenen großen, klaren Flächen. Ein eher unauffälliges, gut gegliedertes Kombiinstrument faßte den Tachometer – ein zentral angeordnetes, in die Oberkante des Armaturenbrettes hineinragendes Rundinstrument – und die weiteren Anzeigen zusammen. Rechts und links vom Tachometer waren in einem flachen, rechteckigen Kontrollinstrument die Überwachung für Kühlwassertemperatur, Öldruck, Kraftstoffverbrauch und als Block die Kontrolleuchten für Fernlicht, Startvorgang und Blinklicht untergebracht. Unterhalb des Kombiinstruments und breiter angelegt saß eine Reihe von Hebeln: Lichtschalter, Heizung und Belüftung, Scheibenwischer, Choke, Instrumentenbeleuchtung, Gebläse (Option), das Zündschloß, Zigarettenanzünder und der Aschenbecher. Auf Höhe des Kombiinstruments, genau in der Mitte des Armaturenbrettes, hatte die Uhr ihren Platz, darunter das Radio, natürlich gegen Aufpreis. Der Prospekt empfahl den „Spezial-Autosuper mit automatischer Sendereinstellung und UKW-Teil“. Daneben lag das Handschuhfach. In Reichweite des Fahrers war eine offene Ablage angebracht. Nach Art des Hauses war die zweite Funktion des Hupringes im Lenkrad: mit kleinen Drehungen wurde der Blinker bedient. Fahrer eines Mercedes konnten mit der elegant zu handhabenden Einrichtung ihre Mitfahrer beeindrucken. Ein Aspekt der Sicherheit war sie zudem, da man zum Blinken die Hände nicht vom Lenkrad nehmen mußte. Die Leuchteinheit des auf dem Kotflügel sitzenden Blinklichtes umschloß auch das Parklicht. Hierfür gab es bis August 1959 einen eigenen Schalter links vom Kombiinstrument. Das dünne Lenkrad und der kurze Schalthebel lagen griffgünstig, ebenso die unter dem Armaturenbrett angebrachte Handbremse. Die Sicht nach vorn war außerordentlich gut für damalige Verhältnisse. Der Innenspiegel war bei allen Modellen von Anfang an abblendbar.

Als Fünf- bis Sechssitzer war der Wagen ausgewiesen. Aus heutiger Sicht erstaunt das etwas, würde er doch 40 Jahre nach Erscheinen angesichts gewachsener Ansprüche an Komfort und Sicherheit nur noch knapp als Fünfsitzer durchgehen. Die sechste Person sollte im Ponton-Mercedes vorn Platz nehmen. Denn die seinerzeit so begehrte, weil amerikanischem Standard entsprechende, durchgehende Bank vorn war auf Wunsch und ohne Aufpreis lieferbar, wie der Prospekt betont. Ohne Aufpreis, das klingt großzügig. Die Bank hätte aber theoretisch sogar billiger sein müssen als zwei Einzelsitze.

Das Gestühl galt als komfortabel. Aschenbecher hinten gehörten zum Komfort wie übrigens auch schon die Möglichkeit, die Heizung rechts und links individuell einzustellen. Die Hebel saßen jeweils ganz außen am Armaturenbrett, unter den runden Belüftungsklappen. Und das zu einer Zeit, in der eine Preisklasse tiefer eine Heizung noch nicht Serie war. Die Platzverhältnisse wiesen den Fortschritt der neuen Karosserie am deutlichsten aus. Kopf- und Beinfreiheit überzeugten jeden Interessenten, nicht zufällig war der 180 D das beliebteste Taxi seiner Zeit (nicht nur wegen des Dieselmotors).

Zur Sonderausstattung gegen Aufpreis zählten ein über die ganze Dachfläche reichendes Faltschiebedach, das schon erwähnte Gebläse (als Sonderwunsch für 190, 219 und 220 S), die sehr viel georderten Nebelscheinwerfer, der mercedes-typische Koffersatz und ein „zweites bereiftes Reserverad". Es hatte seinen Platz in einer Kofferraummulde. 1953 war eine Reifenpanne immer noch etwas Alltägliches. Außerdem gab es eine Ruhesitzeinrichtung mit oder ohne Kopfstütze.

Die Dieselversion verfügte zur Geräuschdämmung über eine zweite Trennwand zwischen Fahrgastraum und Motor. Zum Starten hatte dieser einen eigenen Startschalter, mit dem über zwei Einstellungen die Vorglühphase geregelt wurde. Die Ausstattung entsprach der des Benziners.

Der für Mercedes so typische Koffersatz.

Für damalige Verhältnisse war der 180 ein sehr geräumiges Auto.

Zeitgemäßes Sonderzubehör wie diese Scheinwerferabdeckung ist heute eine besondere Rarität.

der große BMW und der Opel Kapitän, allerdings auch nur noch bis 1953, und – nicht zu vergessen – die Mercedes 170 SV und SD, die noch bis 1955 hergestellten Zwischenmodelle – nicht jedoch der 220 der alten Baureihe, der 1954 durch den Ponton-220er abgelöst wurde.

Mit einer Reihe von Details war der 220 im Komfort gegenüber dem 180 aufgewertet worden. Die Sonnenblende rechts hatte einen Make-up-Spiegel, die Rückenlehnen der Vordersitze waren in drei Positionen einstellbar und – wohl die wichtigste Neuerung – ein Dreiecksfenster in den vorderen Seitenscheiben sorgte für bessere Durchlüftung. Die vorderen Türen hatten Seitentaschen, und auf beiden Seiten gab es über beide Scheiben reichende Haltestangen für Kleiderbügel. Raucher hatten nun drei Aschenbecher und einen Zigarrenanzünder zur Verfügung. Völlig geändert hatte Mercedes das Kombiinstrument. Aus dem runden Tachometer war ein Breitbandtacho geworden. Dies war der erste von mehreren Versuchen, das Rundinstrument zu ersetzen, viel später erst kehrte man dazu zurück. Nichts ist eben so übersichtlich wie der Kreis.

Alle anderen Anzeigen waren darunter angeordnet, die Reihe der Hebel unterhalb des Instruments war geblieben, die Funktionen aber variiert. Der Zugknopf für die Scheibenwischer saß jetzt oben links neben dem Aschenbecher, rechts von ihm der Zigarrenanzünder. In der Reihe unterhalb des Tachos hatten jetzt auch die Rückstellung des Tageskilometerzählers und der Oktanzahlkondensator Platz. Das Armaturenbrett aus poliertem Buchenholz gab dem Wagen seine vornehme Note.

Der Sicherheit dienten die Verbundglasscheibe vorn – die anderen Scheiben bestanden aus einschichtigem Glas (Duroglas). Allerdings wurde das Verbundglas ab 1959 wieder weggelassen! Die Sicherheitszapfenschlösser verhinderten das Aufspringen der Türen bei einem Unfall. Verschwunden waren beim 180 die hinten angeschlagenen Türen. Zahlreiche Autos, auch in der Mercedes-Preisklasse, hatten noch solche Türkonstruktionen,

Der Typ 219 verfügte über die Ausstattung des 190. Er kam aber von Anfang an mit zweifarbig abgesetzten Innenverkleidungen, der 180 erhielt sie erst ein Jahr später mit der Einführung des 180a. Mit diesem gingen

Versuche mit einer Klimaanlage im 220 S.

kleinere Änderungen einher. So wurde das hintere Nummernschild jetzt von zwei seitlichen Lampen beleuchtet. Mit dem Breitkühler wurde die Scheibenwaschanlage 1958 eingeführt.

Ab dem Typ 190 gab es die Lichthupe, das, so ein zeitgenössischer Prospekt, „moderne, lautlose, aber wirksame Warnsignal".

Ihrem sportlichen Charakter entsprechend wurden Coupé und Cabrio häufig mit Einzelsitzen geordert, sie waren aber auch mit der durchgehenden Sitzbank lieferbar. Ein formschön in das Armaturenbrett einpaßter Haltegriff für den Beifahrer läßt die Möglichkeit flotter Kurvenfahrt erahnen. Das breite Kombiinstrument ist in einen Blendschutzrahmen eingepaßt. Messingleisten umfaßten die Bedienungsknöpfe und verzierten das Handschuhfach sowie die hier waagerecht angebauten Hebel für Heizung und Lüftung. Die hintere Sitzbank ließ sich in einen Kofferraum umwandeln, auch dafür gab es maßgefertigte Koffer.

Ein die Erinnerung prägendes Kennzeichen der gesamten Baureihe sind die Farbkombinationen in der Zweifarblackierung. Hier einige gefällig klingende und noch gefälliger aussehende Beispiele (die Verkaufsspezialisten, die sich die Bezeichnungen für die Farben ausdenken, haben offenbar viel Fantasie, bei Mercedes und anderswo): moosgrün (Unterteil)/steingrau/hell (Oberteil), mittelrot/creme, perlgrau/graphitgrau, mercedes blau/perlgrau, elfenbein hell/schwarz, dark tabakbraun/creme. 23 Kombinationsmöglichkeiten gab es. Zu jeder Kombination – viele von ihnen waren auch in umgekehrter Reihenfolge lieferbar – gehörten Farbabstimmungen für Polsterung und Schiebedach.

Folgende Seite: Einfach, aber nützlich: Hilfe für Behinderte.

Typen und Modelle

Vierzylinder

180 (1953 – 1957)

Im Juli 1953 begann endgültig die Neuzeit bei Daimler-Benz: Der 180 ging in Produktion, lang erwartet und generell positiv aufgenommen, trotz des veralteten Motors. 52 186 Käufer entschieden sich in genau vier Jahren für den Benziner, in der Produktionsstatistik von Daimler-Benz ist das für ein „kleines" Modell allerdings keine Glanzzahl. Das stärkste Jahr war 1954, als 20 306 Stück hergestellt wurden. Im dritten vollen Produktionsjahr lief der 190 mit der neuen Maschine dem 180 eindeutig den Rang ab, womit der Schwachpunkt dieses Modells belegt ist. Die 52 PS bei 4000/min erlaubten lediglich eine Höchstgeschwindigkeit von 126, die Dieselausführung war nur um sechs Kilometer langsamer in der Endgeschwindigkeit. Von Anfang an überzeugte der Wagen durch seine gute Verarbeitung und seine Zuverlässigkeit. Die Ausstattung war zweckorientiert reichhaltig, was mitgeliefert wurde, war nützlich, Überflüssiges wurde nicht angeboten (siehe auch Kapitel „Stand der Technik"). Bei seiner

Der 180 D in Rechtslenkerausführung.

Händler warten im sonnigen Süden auf die ersten Touristen.

Einführung lag der 180 im Preis knapp unter 10 000 DM, nämlich bei 9950 DM. Der Preis fiel dann bis zum Produktionsende auf 8760 DM. Preissenkungen waren keine Seltenheit in der damaligen Autoszene.

180 D (1954 – 1959)

Nach elf Vorserienwagen noch im Herbst 1953 startet der Diesel im neuen Kleid im Februar 1954. Der Zuspruch war außer im ersten Jahr höher als beim Benziner, nach 15 532 Fahrzeugen 1954 waren es ein Jahr später schon 20 345. Mit 26 693 war 1958 der Höhepunkt erreicht. Insgesamt wurden es 116 458 Wagen vom Typ 180 D. So erfolgreich, sowohl in der Gesamtproduktion wie in den Jahresergebnissen, war bis dahin noch kein Diesel-Personenwagen gewesen. Der 180 D war das typische – damals noch schwarze – Taxi der fünfziger Jahre. Der Aufpreis für die Dieselmaschine betrug bei Einführung stolze 850 DM, eine Summe von 10 300 DM mußte hingeblättert werden. Preissenkungen machte auch der Diesel mit, über 9850 DM landete er bei 9450 DM. Wie die anderen 180er bekam der Diesel im April 1958 die vorderen Ausstellfenster. Bescheidene Leistung spielte bei diesem Auto keine Rolle, die Langlebigkeit und der Verbrauch von acht Litern auf 100 Kilometer (das waren dreieinhalb Liter weniger als der ursprüngliche 180 mit Benzinmotor benötigte) machten den 180 D für Leute attraktiv, die das Auto beruflich brauchten. Neben Taxifahrern waren dies Vertreter, die es früh in dieser seinerzeit blühenden Verkaufsbranche zu etwas gebracht hatten. Der 180 D war ein typischer Geschäftswagen.

190 (1956 – 1959)

Im März 1956 war das Produkt eigentlich erst richtig fertig. Mit dem vom 190 SL abstammenden Motor war der Ponton-Mercedes das moderne Auto, das man von Daimler-Benz erwartete. Gekonnt angewandte Verkaufspsychologie mit Chromschmuck – in späteren Jahren noch mehr mit geschickt gewählten Typenbezeichnungen – war und ist eine Spezialität des Hauses. Den 190 hob eine Chromleiste an der Gürtellinie äußerlich vom 180 mit altem Motor und später auch vom 180a ab. Das lockte, den Preissprung zu wagen, auch dann noch, als im 180a fast derselbe Motor zur Verfügung stand. Außerdem war der 190 gegenüber dem ersten 180 etwas feiner ausgestattet, was sich vor allem in Zweifarbigkeit im Innenraum bemerkbar machte. In der Leistung distanzierte der 190 den alten 180 deutlich. 139 km/h statt 126 und in 0 auf 100 in 20,5 Sekunden statt in 31. Nur geringfügig lagen seine Werte über denen des 180a. Vom 190 liefen insgesamt 61 345 Wagen vom Band, das erste volle Produktionsjahr brachte mit 22 578 die höchste Zahl. Mit 9450 DM kostete er zunächst 400 DM weniger als der Diesel, ein Jahr nach Erscheinen lag er auf gleicher Höhe mit dem inzwischen verbilligten Selbstzünder. Der Abstand zum 180 betrug 690 DM. Das entsprach immerhin einem überdurchschnittlichen Monatseinkommen. 1050 DM mehr mußte man für den billigsten Sechszylinder, den 219, anlegen. Die Verhältnisse waren im damaligen Preisgefüge klar geordnet.

180a (1957 – 1959)

Als der 180 endlich den zeitgemäßen Motor erhielt, war er in der Baureihe der Benziner schon nicht mehr die Nummer eins. Der ein Jahr zuvor eingeführte 190 hatte den Platz des standesgemäßen Fahrzeugs für alle diejenigen angenommen, die vom Diesel nichts wissen wollten. So wurden von der Benziner-Sparversion 180 mit dem etwas leistungsreduzierten Motor des 190 insgesamt nur 27 353 Fahrzeuge hergestellt. In der Ausstat-

Zwei Extreme in der Welt des Transports. In hohem Schnee kam das Pferdefuhrwerk vermutlich besser voran.

S-CY 371

Die Pontonform hat ihre letzte Entwicklungsstufe erreicht: der 180b / 180 Db.

1956 wurde der Typ 190 eingeführt.

tung fehlte dem 180a nur die Chromleiste um die Gürtellinie, die kleinen Fortschritte in der Innenausstattung oder bei der Nummernschildbeleuchtung – ab August 1957 wurde bei allen Modellen das Licht in den zwei Fingerhaken zu Gunsten der in die Stoßstangenhörner integrierten Beleuchtung aufgegeben – kamen ihm zugute. Wer auf den Zusatzchrom verzichten konnte und auf zehn PS, der sparte 750 DM (Grundpreis: 8700 DM). Damit war der „neue" 180 sogar noch um 60 DM billiger als der seitherige. Diese Summe für einen Mercedes-Neuwagen wurde nie mehr unterboten. Als kleine Weiterentwicklung erhielt der Wagen wie alle 180er im April 1958 die vorderen Ausstellfenster.

190 D (1958 – 1959)

Neue Motorentechnik gab es 1958 auch für den Diesel. Ein Jahr später wurde der parallel zum Benzinmotor aus den Grundlagen des 190 SL entwickelte Kurzhubmotor in die unveränderte Karosserie eingebaut. Er hatte jetzt 50 PS und verbrauchte 8,5 Liter auf 100 Kilometer. Daneben gab es zunächst noch den 180 D, im Preis unterschieden sie sich um 750 DM, nur 50 DM lag der 190 D unter der Grenze von 10 000 DM. Der 190 D kam insgesamt noch auf eine Stückzahl von 20 629 Stück.

Die ganze Baureihe erhielt 1958 Abpolsterungen am Armaturenbrett und gepolsterte Sonnenblenden. Damit wurden Erkenntnisse aus der Sicherheitsforschung umgesetzt.

Die Heckpartie wirkt nun repräsentativer.

180b (1959 – 1961)

Als die neuen Wagen der Heckflosse mit ihren großen Flächen und klaren Linien erschienen, konnten die kleinen Ponton-Limousinen als – neben Coupé und Cabrio – Überlebende der alten Baureihe nicht mehr so schmal und inzwischen etwas mickrig wirkend daherkommen. Geschickt wurde die Kühlermaske verbreitert, in der Höhe verkleinert und in nur noch sechs statt sieben waagerechte Felder aufgeteilt. Die Motorhaube war etwas abgesenkt worden, die Stoßstangenhörner vorn verschwunden. Die neue Front paßte besser zu den Proportionen des Vorderbaus, dem in stilistischer Hinsicht ja einige Zentimeter in der Länge fehlten. Die Rücklichter wurden vergrößert, beide Stoßstangen verstärkt.

Eine der wenigen Änderungen im Innenraum war die Übernahme des neuen Lenkrades aus der großen Baureihe mit Polsternabe. Mit dem alten Lenkrad verschwand auch die mit dem Signalring gekoppelte Blinkerbetätigung. Der neue konventionelle Hebel saß nun rechts an der Lenksäule und hatte eine Rückstellautomatik. Die Wagen hatten jetzt außerdem eine Scheibenwaschanlage (Fußbetätigung). Insgesamt wurde die Innenausstattung verfeinert. Äußerlich war der 180 vom 190 wiederum durch die fehlende Chromleiste unterschieden. In den zwei Jahren Produktionszeit entschieden sich nur noch 29 415 Käufer für dieses Auto. Es war wirtschaftlich günstig, kostete weiterhin 8700 DM und brauchte einen Liter auf 100 Kilometer weniger als der 190.

190b (1959 – 1961)

Dieselben Änderungen galten für den vornehmen 190. Allerdings hatte der Typ seine Sonderstellung im Programm von Mercedes eingebüßt. Die Stückzahlen lagen jetzt sogar leicht unter denen des 180b, es wurden 28 463 Stück hergestellt. Mehr Prestige suchende Kunden wandten sich nun wohl zunehmend – das Wirtschaftswunder hatte es möglich gemacht – den ganz neuen Sechszylindermodellen zu.

180 Db (1959 – 1961)

Hinter der erneuerten Front arbeitete der alte Motor des 180 D. Er war jetzt nur noch 500 DM billiger als der äußerlich ebenso aufgewertete 190 Db. Entsprechend dem 180b hatte er die etwas vereinfachte Ausstattung und die ungeschmückte Gürtellinie. In genau zwei Jahren wurden 24 676 Stück produziert.

190 Db (1959 – 1961)

61 309 Diesel mit neuem Gesicht und der speziellen Chromleiste liefen in der kurzen Zeit von zwei Jahren vom Band, die höchste Zahl eines Types dieser letzten Stufe der „kleinen" Ponton-Baureihe. Sein Preis lag bei 9450 DM.

180c (1961 – 1962)

Als Auslaufmodell gab es den bis auf kleine Eingriffe in den Motor fast unverändert weitergebauten letzten 180, er fand noch 9280 Käufer für einen Preis von erst 8950 und dann 9350 DM. Mit ihm und dem Parallelmodell 180 Dc verschwand die Bezeichnung 180 für lange aus der Typologie von Daimler-Benz. Der 190 der Heckflossen-Baureihe kostete zu diesem Zeitpunkt ein Jahr nach seiner Einführung 10 440 DM.

180 Dc (1961 – 1962)

Die letzte Neuerung der Baureihe erfuhr der Diesel. Parallel zum 180c wurde er mit dem Kurzhub-Dieselmotor aus dem 190 gebaut, genau 11 822 mal. Der Motor war eine Zwischenlösung zwischen dem Motor des alten 190 D und dem neuen Heckflossen-Diesel: Er hatte den gleichen Hubraum wie der neue, aber statt dessen 55 nur 48 PS. Der Wagen kostete zunächst 9450 DM, genau 1000 DM weniger als der neue 190 D, zum Schluß jedoch 9850 DM, womit er den Neuen um 1250 DM unterbot.

Der kleinste Mercedes-Sechszylinder: Typ 219 – kein schlechtes Auto . . .

Sechszylinder

220a (1954 – 1956)

In seinem einzigen vollen Produktionsjahr brachte es der neue 220 auf mehr Fahrzeuge als der Vorgänger in drei Jahren: 19 348 Limousinen in der damals vornehmsten Ausführung der Mercedes-Ponton liefen ab Juni 1954 vom Band (vom 220 mit Kastenrahmen hatte es insgesamt nur 16 154 gegeben). Das zeigt einerseits, wie nötig das elegante, viel Prestige verbreitende Auto für Daimler-Benz war. Andererseits sind die Zahlen auch ein Maßstab für das Wirtschaftswachstum der frühen fünfziger Jahre. Der Kreis derer, die für ein Auto mehr als 10 000 DM ausgeben konnten, wuchs beständig. Die Ansprüche wuchsen mit, weshalb sich Daimler-Benz schon sehr früh zur Ablösung des 220a entschloß.

Dieses Auto war gut ausgestattet. Feine Kleinigkeiten unterschieden ihn vom 180 – zweite Sonnenblende, verstellbare Rückenlehnen vorn, Fensterschlüssel und Armaturenbrett aus Holz –, außerdem das breite Kombiinstrument und generell bessere Materialien in der Innenausstattung. In die gegenüber dem 180 veränderten Proportionen hatten die Stilisten auch die vorderen Ausstellfenster integriert. Kein Besitzer eines 220 mußte sich darum sorgen, für den Fahrer eines 180 gehalten zu werden (dessen Auto könnte ja auch so etwas Gewöhnliches wie ein Taxi sein). Chrom – beim 220 sparsamer verwendet als später beim 220 S und SE –, die auf den Kotflügeln ganz vorn sitzenden Blinklichter und die insgesamt veränderten, harmonisch wirkenden Massen und Proportionen sorgten dafür.

Technisch war der Wagen auf dem aktuellen Stand, der vom Vorgänger übernommene, aus dem Jahre 1951 stammende Sechszylindermotor war durch einen Leichtmetallzylinderkopf und einen größeren Vergaser aufgewertet worden. Das Erreichen der Marke von 150 km/h brachte dem Wagen eine Sonderstellung auf den seinerzeit ja noch so leeren Autobahnen ein. Damit war die klassische Reiselimousine mit zwei anderen nach dem Mercedes 300 (163 km/h) die zweitschnellste

. . . aber ein ungeliebtes Zwischenmodell.

aus heimischer Produktion. Der BMW-Achtzylinder, der zum selben Zeitpunkt wie der 220 erschien, sowie der von den Stückzahlen völlig unbedeutende Borgward 2400 fuhren ebenso schnell wie der 220. Deutlich langsamer kam der ebenfalls 1954 neue Opel Kapitän voran (138 km/h). Zum Vergleich zwei Sportwagenwerte aus diesem Jahr: Der Mercedes 190 SL schaffte 171, der 300 SL je nach Übersetzung bis zu 260, der Porsche 356 je nach Version zwischen 140 und 175 km/h. Die Spitze der Mercedes-Limousinen freilich, der 300b, war nicht nur in der Endgeschwindigkeit vom 220a abgehoben: Er kostete schwindelerregende 22 000 DM.

219 (1956 – 1959)

Einen Einstieg für Aufsteiger, denen der 180 zu eng geworden war, bot Mercedes mit diesem Zwischenmodell. Die lange Motorhaube des 220a, im Radstand zwischen 220 und 180 plaziert und ab der B-Säule dem 190 entsprechend machte der 219 stilistisch keine überzeugende Figur. Überzeugend war der Preis, er lag mit 10 500 um glatte 2000 DM unter dem (alten) 220a und (neuen) 220 S. Ein vernünftiger Kompromiß also, so schien es. Die Käuferschaft war mehrheitlich nicht dieser Meinung. Einen Spar-Sechszylinder wollten sich nur relativ wenige zulegen. Dem Verdacht, es hätte zu mehr nicht gereicht, wollen sich in der Einkommensklasse der Kundschaft großer Mercedes-Limousinen viele nicht aussetzen. 85 PS hatte bisher auch der 220a gehabt, zum S schufen auf diesem Sektor 15 zusätzliche PS Abstand. Nach der Änderung der Motoren 1957 stand das PS-Verhältnis 90 : 106.

Woran es auch immer lag, der 219 – warum hieß er nicht 220, da sich doch der Nachfolger des 220a nun 220 S nannte? – mit seiner an die des neuen 190 angelehnten Ausstattung und ab der A-Säule auch mit den Raumverhältnissen des „Kleinen“ fand in gut drei Jahren nur 27 845 Abnehmer. Das stärkste Jahr war 1958 mit 9296 Fahrzeugen.

1958 hatte der 220 S sein bestes Jahr.

220 S (1956 – 1959)

Die magische Zahl von 100 PS war erreicht mit dem „echten" 220 von 1956. Noch im ersten Jahr liefen ab März 10 525 Wagen vom Band, über die 15 459 ein Jahr später schaffte der S im Jahre 1958 seine beste Zahl: 20 181, mehr als doppelt so viel wie der 219. Der Chromschmuck war noch einmal angereichert worden. Zur Unterscheidung zum 220a war jetzt auch die Sicke im vorderen Kotflügel auf diese Weise betont. Der 220 S wurde zum meist verkauften Modell der Sechszylinderreihe: 55 279 Exemplare bis zur Produktionseinstellung im August 1959, mehr als von 220a und 219 zusammen. Den Preis von 12 500 DM, übernommen vom 220a, behielt das Modell bis zum Schluß.

Der 220 SE wies in der Motorentechnik den Weg in die Zukunft.

220 SE (1958 – 1959)

Ein Vorgriff auf künftige Modellereignisse war der erste SE in der Geschichte des Hauses. Daß er für ein einziges Jahr noch im Kleid des Ponton-Mercedes erschien, ist erstaunlich. Vielleicht sollte er dem Nachfolger aus der Baureihe der Heckflosse den Weg ebnen. Vielleicht war es ein Test, um die Wirkung der beiden Buchstaben auf das Publikum zu erforschen. Der Wagen war 1900 DM teurer als der S, lief nicht schneller als dieser (160 km/h), verbrauchte fast dasselbe (13 Liter auf 100 Kilometer) und wies lediglich in der Beschleunigung ein gewisses Plus auf (von 0 auf 100 in 15 statt in 17 Sekunden). Natürlich fuhr sich der Einspritzer ganz anders als der Vergasertyp, das höhere Drehmoment war Ausdruck der für Einspritzmotoren typischen Kraftentfaltung. Nicht mehr als 1974 Stück wurden hergestellt. Da stand schon 1959 fest, daß dieser Wagen später zu einem sehr gesuchten Klassiker werden würde. Die Faszination der Buchstaben SE hatte, was den Verkaufserfolg angeht, Ende der fünfziger Jahre noch ihre Wirkung verfehlt.

69004

BB
A 716

Das Cabrio ist für viele die Krönung der Baureihe.

220 S Coupé/Cabrio (1956 – 1959)

Prestige versprachen diese beiden Modelle sowohl für den Hersteller als auch für die Besitzer. Wer sich nicht allzu sportlich von der übrigen Autowelt abheben wollte, hatte hier die geeignete Möglichkeit. In Deutschland gab es keine vergleichbaren Autos. Was es gab, lag eine Preisklasse höher, wie der in winziger Stückzahl gefertigte BMW 503, oder es waren seinerzeit noch unbedeutende Importmodelle. Weder BMW noch ausländische Anbieter waren, unabhängig von der Preissituation, in den fünfziger Jahren ernstzunehmende Gegner für Mercedes. Der BMW kostete 32 950 DM, der Mercedes immerhin „nur" 21 500 DM. 3429 Fahrzeuge wurden es, davon 2178 Cabriolets.

Vorseite, oben:
Auch geschlossen ist das Cabrio eine Pracht.
unten:
Das klassisch schöne Coupé, hier Baujahr 1956.

220 SE Coupé/Cabrio (1958 – 1960)

Als einzige Sechszylindermodelle aus der Ponton-Baureihe kamen diese beiden exklusiven Fahrzeugtypen in das mit der Baureihe der Heckflosse völlig erneuerte Programm. Ehe die dazugehörigen Coupés und Cabriolets fertig waren, stellte Daimler-Benz bis zum November 1960 immerhin 1942 Wagen her, fast so viele wie von der Limousine 220 SE (jene allerdings in kürzerer Zeit). 1112 von ihnen waren Offenversionen. Die Wagen kosteten 23 400 DM.

Abbildung Seite 50/51:
Perfekte Verbindung von Luxus und Eleganz.

Abbildung Seite 54/55:
Nur 3290mal wurde dieser Traum in Chrom, Leder und Edelholz Wirklichkeit.

rechts:
Herrschaftliche Limousine vor herrschaftlicher Kulisse.

MB 220S

73812

Holzarmaturenbrett, Lenkradschaltung und elfenbeinfarbenes Volant mit Hupenring — wohlgeordnetes Ambiente im Innenraum eines 220 S.

Das Platzangebot im großen Ponton-Sechszylinder war für damalige Verhältnisse großzügig.

Auch die Fondpassagiere konnten sich nicht beklagen.

Die Lenkradposition war noch eher vom Vorkriegsgeist geprägt.

Detailaufnahmen zeigen die saubere stilistische Durchbildung der Ponton-Karosserie.

Weißwandreifen stehen den Ponton-Modellen besonders gut.

Nackte Chromstoßstangen mit massiven Hörnern — zeitgenössische Schmuckelemente.

Niedrige Ladekante und gutes Fassungsvermögen kennzeichnen den Kofferraum des 220. Einzig das aufrecht stehende Reserverad stört.

A
W
27-2006

Die Sonderausgabe: 190 SL

Von den meisten Freunden der Marke wird dieses Auto gar nicht der Ponton-Baureihe zugerechnet. Das liegt daran, daß die gesamte Gruppe der SL-Fahrzeuge mit der ihr eigenen Faszination oft einen Sammlerkreis anspricht, der sich von „Ponton-Leuten“ unterscheidet. Letzteren wird engere Beziehung zum täglichen Leben nachgesagt, natürlich sind die Einstandspreise ins Oldtimerhobby für einen 180 D weit niedriger als für einen 190 SL (nicht aber für das Cabrio und Coupé). Wie wichtig man solche Unterschiede auch immer nehmen mag – sie sollten unter Gleichgesinnten eigentlich keine Rolle spielen –, es steht fest, daß der 190 SL von der Ponton-Baureihe abstammt, im Prinzip mit ihr auf technischem Gebiet identisch ist. Bodengruppe und Vorderradaufhängung waren Bauteile des 180, und der Motor war bei der Präsentation des ersten Prototyps, auf dem Autosalon von New York im Frühjahr 1954 ein Vorgriff auf den 190. Gleichzeitig diente der Wagen als Versuchsträger der 1955 in den Limousinen eingeführten Eingelenk-Pendelachse hinten. Der Radstand lag mit 2400 um 250 Millimeter unter dem der Limousine, um 265 Millimeter war der ganze Wagen kürzer als der 180 und später der 190. Eine Ponton-Form von der Definition her hatte zweifellos auch der 190 SL. Im Prinzip war sie aber schon mit dem 300 SL

Vorhergehende Doppelseite:
Konnte nie mit echtem Sportwagennimbus glänzen: der 190 SL.

Auf dem Weg zum fertigen Auto: ein Modell des 190 SL als Studie.

Sanft und schlank wirkt der 190 SL in der Seitenansicht.

dem 190 SL immer der Ruf eines „Schmalspursportwagens" an, vergleichbar vielleicht mit dem Verhältnis des Volkswagen Karmann-Ghia zum Porsche 356. Die Qualitäten des 190 SL lagen auf langen Strecken, die schnell und bequem zurückgelegt werden konnten. Als solcher wurde er von den Besitzern sehr geschätzt, was auch immer die Passanten vom dem Auto hielten.

Schon die Formensprache machte den Unterschied zwischen dem 300 SL und dem 190 SL deutlich. Die umständlich zu nutzenden Flügeltüren, das kleine hintere Seitenfester, die großen Lufteinlässe zwischen Vorderrad und Tür und der relativ kleine Fahrgastraum stempelten den 300 SL zur schnellen Fahrmaschine. Der 190 SL bot mehr Platz für Kopf und Füße und vermittelte auch dadurch ein ganz anderes Raumgefühl, weil hinter den Sitzen Raum für Gepäck war. Der Kofferraum selbst war im Gegensatz zum 300 SL als solcher zu gebrauchen, weil ja eben Reisen mit dem Wagen möglich sein sollten und nicht

Wuchtiger und „schneller" fielen die Linien beim 300 SL aus.

eingeführt worden. Dieser Supersportwagen (SL steht bekanntlich für „Super Leicht") wurde, als der Prototyp des 190 SL erschien, schon ein halbes Jahr produziert. Bei dem selben Radstand war er noch 300 Millimeter länger als der „kleine Bruder". Der 300 SL unterschied sich in vielfacher Hinsicht vom 190 SL. Der Stahlrohr-Gitterrahmen und das auch darum so niedrige Leergewicht von 1310 Kilogramm (190 SL: 1400 Kilogramm) sowie die an Wettbewerbszwecken orientierten Fahrleistungen sind die wesentlichsten Unterschiede, die anfangs verwendeten Flügeltüren die berühmtesten.

Daran, daß der 190 SL immer etwas unter dem überragenden Ruf des 300 SL litt, ist das Werk nicht ganz unschuldig. Der erste Prototyp wurde nämlich als Wettbewerbswagen vorgestellt. Der 190 SL wurde aber so gut wie nie in Rennen eingesetzt. Dies war auch gar nicht vorgesehen, denn für den guten sportlichen Ruf der Marke sorgten ja der 300 SL und 1954 wie 1955 die überaus erfolgreichen Grand-Prix-Wagen. Trotzdem haftete

Vom Sport bestimmte Zweckform: der erste 300 SL.

S-SL 190

Das Cabriolet der Ponton-Baureihe war deutlich teurer als die Limousine.

◁ Der 190 SL gehörte ebenfalls zur Ponton-Baureihe.

Δ Komfort statt Sportlichkeit hieß die Devise bei den Coupé- und Cabrio-Modellen.

Klassische Schönheit: So bleibt der 190 SL in Erinnerung.

Rennen. Die Linienführung der beiden Wagen aber – lang gestreckte, nach vorn sich absenkende Haube, kurzes Heck, eine Dominanz von runden, harmonisch wirkenden Linien und in der Seitenansicht die prägnanten Stege über den Radausschnitten (die auf diese Weise nach oben abgeschlossen wurden) – war sich sehr ähnlich. Der 190 SL hatte nicht nur konventionelle Türen – sie waren sehr breit und standen dem Wagen optisch gut – sondern auch eine weniger aufregend geformte Kofferraumhaube. Für viele ist der 190 SL das schönere Auto, weil ihm der Charakter des rauhen Sportwagens fehlt. Vor allem in der offenen Version – den SL gab es als Roadster, mit Hardtop und als Coupé – faszinierte der Anblick des hell glänzenden, elfenbeinfarbenen Lenkrads. Reichlich Chrom am senkrecht stehenden, in Wagenfarbe lackierten Armaturenbrett – Radioblende, Einfassung von Uhr im Dekkel des Handschuhfachs sowie aller anderen Rundinstrumente – bedeutete Mitte der fünfziger Jahre eine Welt des Luxus. Stoßstangen aus Chrom, ebenso Grill, die Stege an den Radkästen, die Einfassung der Windschutzscheibe und der schwungvolle Abschluß der unteren Leiste vor dem Hinterrad ließen außen gebührenden Glanz aufblitzen. Und das Ganze dann mit Weißwandreifen, in rot oder in schwarz, das war schon eine Pracht.

Der Motor des SL führte die Ziffernfolge 190 in die Typologie des Hauses (bei Serienwagen) ein. Der neue Motor für die neue Baureihe war fertig. Er lief unter der Bezeichnung M 121 B II und unterschied sich vom

Folgeseite: Ein solides Stück schwäbischer Mechanik: der Reihen-Sechszylinder des 220 S. ▷

Motor der späteren Limousine 190 (M 121 B I) durch die auf 105 PS (statt 75 PS) gebrachte Motorleistung. Die Gemischaufbereitung übernahmen hier zwei Solex-Flachstrom-Registervergaser vom Typ 44 PHH. Dies war der wichtigste Unterschied zur Limousine. Mit den 105 PS und bei seinem niedrigen Gewicht hatte der SL keine Mühe, auf eine Höchstgeschwindigkeit von 171 km/h zu kommen und die Limousine damit um 32 km/h zu übertrumpfen. Eindrucksvoller ist der Wert der Beschleunigung von 0 auf 100 km/h im Vergleich zum 190: 14,5 Sekunden statt 20,5. Außerdem war die Federung gegenüber der Limousine härter abgestimmt.

Intensive Modellpflege hatte der 190 SL offenbar nicht nötig. Den einzigen äußerlichen Entwicklungsschritt gab es 1959 in Form des stark vergrößerten Heckfensters im Coupé. Im Rahmen der Weiterentwicklung der Limousinen wurde ebenfalls 1959 die Verdichtung leicht von 1:8,5 auf 1:8,8 erhöht. Bei seinem Erscheinen kostete der 190 SL in Deutschland als Roadster 16 600 DM, als Coupé 17 100 DM und in der Kombination Faltverdeck/Hardtop 17 650 DM. Der 300 SL kam zur selben Zeit fast auf den doppelten Preis (29 000 DM), der 180 kostete etwas mehr als die Hälfte (9950 DM).

Als die Produktion des 190 SL im Jahre 1963 auslief, waren die Preise noch immer unverändert. 25 881 Wagen wurden gebaut, die meisten, nämlich 3977, noch im Jahre 1960.

Startbereit für eine gemütliche Sommerfahrt.

Erstes Bild des Serienhardtops mit kleinen Lampen und Kennzeichenleuchten am Nummernschild-Träger.

Marktlücken und Sonderfälle

So fortschrittlich Daimler-Benz auf technischem Gebiet immer war und bis auf den heutigen Tag ist, so unflexibel agieren die Marketingspezialisten in Untertürkheim, wenn es um die Variantenvielfalt einer Modellreihe ging und geht. Noch der im Jahre 1982 erschienene 190 (W 201), ein später Nachfolger des Ponton-Mercedes, fiel durch eine in den letzten Produktionsjahren sehr schädliche Monostruktur auf: Es gab ihn nur als Limousine, wenn auch mit mindestens fünf verschiedenen Maschinen. Die Konkurrenz von BMW und Audi hatte da ihren Modellen längst Cabrio, Kombi oder auch ein Coupé zur Seite gestellt. Nur langsam löste sich Mercedes-Benz von der Strategie, allein der mittleren Baureihe eine Typenvielfalt zuzugestehen. Das Cabrio zum Beispiel kam auch da erst 1991, während Kombi (seit 1977, Baureihe W 123) und Coupé (seit 1972, Baureihe W 115) zu diesem Zeitpunkt schon auf eine gewisse Tradition zurückblicken konn-

Vor allem für Krankenwagen wurde die viertürige Grundversion gebraucht.

So rollte der 180 als Zweitürer zum Karosseriebauer.

ten. Spätestens die Absatzkrise des Jahres 1993 bewirkte ein Umdenken.

40 Jahre zuvor war keine Absatzkrise in Sicht, ganz im Gegenteil. Man war froh, mit der steigenden Nachfrage nach Oberklasseautos mithalten zu können, Karosserievarianten standen deshalb, wenn überhaupt, nur an der obersten Preisgrenze – hier läßt sich relativ leicht Gewinn abschöpfen – zur Debatte. Im Marktsegment des Mercedes 180 boten auch die Wettbewerber nur wenige Alternativen an. BMW befand sich modellpolitisch noch im Tiefschlaf, und der Opel Kapitän war immer nur Limousine. Allein Borgward fiel aus dem Rahmen und hatte schon vom Hansa des Jahres 1949 einen Kombi und ein Cabriolet entwickelt. Die Isabella von 1954 erschien ebenfalls als Kombi und als Coupé (dafür allerdings nie als Viertürer). Der Beitrag von Mercedes im Bereich der Luxusautos waren Coupé und Cabriolet auf Basis des 220 S/SE. Aus heutiger Sicht bleibt unverständlich, warum es für den 180 keinen Kombi gab. Gerade dieser Wagen wurde mit der Dieselmaschine viel als Geschäftswagen von Vertretern genutzt. Immerhin knapp 20 Prozent aller Borgward Isabella liefen als Kombi vom Band. Ein ähnlicher Prozentsatz und entsprechend mehr Verkäufe hätten sich vermutlich auch mit dem eine Preisklasse höher angesiedelten 180 erreichen lassen. Das Wagnis war Daimler-Benz offenbar zu groß, obwohl es, wie weiter unten aufgeführt ist, ein eigenes Kombiprojekt gab. Generell war der Markt noch nicht reif für die Massenproduktion solcher Autos. Zu sehr haftete ihnen der Ruf des Maler- und Metzgerautos an, ein Image, das vor allem die entsprechenden Mittelklassemodelle von Ford und Opel prägten. Erst VW verhalf ab 1961 mit dem 1500 Variant dem Kombi zum Durchbruch. Von da an galt das Auto mit dem großen Ladeabteil auch als Familienkutsche. Mercedes' erster Versuch, einen Kombi im offiziellen Programm anzubieten, schlug fehl. Heute läßt es sich nicht mehr feststellen, ob sich jener von der Baureihe der Heckflosse abgeleitete Universal auf dem Markt gut geschlagen hätte. Die in das belgische IMA-Werk verlegte Produktion des formschönen und heute bei Sammlern sehr

Ein Kombi für den privaten Gebrauch von Binz. Hier sind die Proportionen nicht ideal.

Wesentlich harmonischer wirkt dieser Krankenwagen von Binz.

gefragten Wagens lief 1966 nach gut einem Jahr und schätzungsweise 2000 gebauten Wagen schon wieder aus, weil die Firma IMA in finanzielle Schwierigkeiten geraten war und aufgeben mußte. So dauerte es bis 1973, ehe der erste Mercedes-Kombi in Großserie anrollte. Da war der Trend zum Freizeitkombi schon erkennbar.

Mercedes-Kombis der Karosseriebauer

Zur Geschichte der deutschen Automobilindustrie gehört auch die hochklassige Arbeit der einst sehr zahlreichen Karosseriebauer. So lange die Autos auf einem festen Rahmen ruhten, auf dem die Karosserie montiert wurde, war es technisch kein Problem, Sonderkarosserien aufzubauen. Manche der großen Luxuswagen aus der Zeit zwischen den Weltkriegen wurden sogar ohne typische Werkskarosse, sondern ausschließlich mit Fremdaufbauten geliefert. Mit dem Siegeszug der selbsttragenden Karosserie wurde das Betätigungsfeld für die Spezialisten immer kleiner. Statt aufwendiger Sonderaufbauten boten sich nun Umbauten von Serienwagen zum Cabrio oder Coupé an. Seltsamerweise versuchte sich in den fünfziger Jahren kein Karossier an der Idee, den 180 zum Cabrio zu machen. Klassische Cabriolimousinen mit Fensterrahmen waren durchaus noch in Mode, Opel hatte sie beim Olympia bis 1956. Allein zwei interessante Werksentwürfe zu diesem Thema sind überliefert, sowohl als Vier- wie auch als Zweitürer. Sie sind weiter unten beschrieben.

Als ein kleines, aber sicheres Marktsegment erwies sich für die Schar der Karosseriebauer von Anfang an der Aufbau von Kombis. Krankentransportwagen – so die exakte Bezeichnung für die allgemein als Krankenwagen bezeichneten kleineren Einsatzfahrzeuge dieser Gattung –, Leichentransportwagen, gelegentlich auch ein Kombi oder gar ein Lieferwagen mit geschlossenen hinteren Seitenscheiben für „zivile" Nutzung und ganz am Rande auch Pick-up-Modelle entstanden in den Werkstätten von Binz, Hägele, Miesen, Pollmann, Rappold, Stolle und anderen. Die Produktionsstatistik weist exakt 5667 Fahrgestelle aus. Außer 3 Stück vom 219 und 11 vom 220 waren es in den zehn Produktionsjahren sämtlich 180/190er, 3908 davon entfielen auf den Diesel. Fast alle dieser Fahrgestelle dürften wohl zu den Karosserie-

Dunkel gehalten waren diese Krankenwagen für Belgien, aufgebaut bei Miesen.

180 D

Bestattungswagen von Miesen sind selten.

Vorseite:
Dieser Kombi von Binz hat eine zweigeteilte, aufzuklappende Hecktür.

bauern gewandert sein, deren größte Binz in Lorch/ Württemberg und Miesen in Bonn waren (und es bis heute auf dem Gebiet der Krankentransportwagen und Rettungswagen sind).

Daimler-Benz erleichterte seinerzeit den Karosseriebauern die Arbeit durch die Anlieferung des Chassis mit zwei (für Pick-up) oder vier Türen. Für die Baureihen W 111 (Heckflosse, von 1959 bis 1967), W 115 (mittlere Baureihe 200 bis 280 von 1967 bis 1976) und W 123 (mittlere Baureihe 200 bis 300 von 1976 bis 1985) gab es dieses Angebot nicht, erst wieder bei der Baureihe W 124 (mittlere Baureihe 200 bis 300 ab dem Jahre 1984). Das angelieferte Fahrgestell hatte zweifellos den Vorteil, daß nicht wie in späteren Jahren der fertige Wagen vom Karosseriebauer wieder aufgeschweißt werden mußte. Die Krankenwagen dieser Fahrzeuggenerationen wiesen daher auch als Schwachpunkt jene Nahtstellen auf, so daß sie als Gebrauchtwagen, obwohl an sich gut zum Wohnmobil ausbaubar, kein langes Leben mehr hatten.

Beim Ponton war dies noch nicht so. Häufig verwendeten die Firmen offenbar das zweitürige Chassis, obwohl das mehr Aufwand beim Umbau erforderte. Erkennbar ist das an der eigenständigen Form der hinteren Seitentüre. Es gibt aber auch Versionen zum Beispiel von

Vier Miesen-Krankenwagen für die Duisburger Feuerwehr.

Hier wurde an nichts gespart: Kombi von Miesen.

Miesen, die die Originaltüren aufwiesen. In diesem Falle wirkt allerdings das Design wenig harmonisch, weil die abfallende Linie der Tür nicht zu der waagerecht verlaufenden Linie des dritten Seitenfensters paßt. Wesentlich eleganter wirkten die Aufbauten mit der eigenständigen hinteren Seitentür.

In einem internen Rundschreiben vom 6. April 1954 an alle Export-Vertretungen beschreibt das Werk beide Chassisarten ausführlich und gibt Tips zur Vermarktung. „Normalerweise wird für Pick-up-Aufbauten, die Sie selbst erstellen lassen, das Chassis mit zwei Türen infrage kommen, während für Krankenwagen und Kombinationswagen das Fahrgestell mit 4 Türen vorteilhafter sein dürfte. Die Fahrgestelle sind mit Links- und Rechtslenkung lieferbar. Lieferzeit z.Zt. 6–8 Wochen nach Auftragseingang." Weiter erfahren die Importmanager, daß über das Werk auch von Fremdfirmen gefertigte Fahrzeuge angeboten werden sollen. Die Marktlage war unklar, denn abschließend wird in dem Brief festgestellt: „Ganz besonders interessiert uns, von Ihnen zu hören, ob Sie beabsichtigen, nur Chassis zu beziehen, d. h., ob Sie die Aufbauten selbst anfertigen lassen wollen oder ob und in welchem Umfange Sie an kompletten Fahrzeugen (Pick-up, Kombinations- (Stations-) und Krankenwagen interessiert sind."

Sowohl Binz wie auch Miesen hatten Varianten auf zweitürigem und viertürigem Fahrgestell im Angebot. Überhaupt unterschieden sich die Produkte beider Häuser nicht sehr. Genormte Innenausstattung und die Vorgaben des Basismodells ließen nicht viel Gestaltungsspielraum. Zunächst hatten die Krankenwagen und Kombis hinten zwei zur Seite zu öffnende Flügeltüren, später, etwa ab der Einführung des Breitkühlers, gab es auch die viel bequemere große, nach oben zu öffnende Heckklappe. Für die Unterbringung des Reserverades hatten die Karossiers eine interessante Lösung herausgefunden: Um eine glatte und genügend breite Ladefläche zu ermöglichen, wanderte es von seinem angestammten Platz am Kofferraumrand in die linke hintere Seitentür. In diesem Falle bestand die Türe allerdings nur noch aus einer Klappe, die bis zur Gürtellinie reichte. Sollte die linke hintere Seitentür nicht wegfallen – zur Versorgung der Patienten war ein Zugang von beiden Seiten ja durchaus nützlich –, erhielt das Reserverad

Für Vertreter oder den mobilen Werkstattdienst.

Chromschmuck, Dachlinie und das lange Seitenfester machen Bestattungswagen von Pollmann elegant.

seinen Platz im Wagenboden. Es gibt unter den Krankenwagen und Leichenwagen bildschöne Exemplare. Manche wirken auch nicht überzeugend. Jene zum Beispiel, denen das Fahrgestell hinten verlängert wurde. Sie wurden zwar geräumiger, die Proportionen stimmten aber bei einem solchen Überhang nicht mehr.

Ein Schreiben von Daimler-Benz an die Exportvertretungen vom Mai 1955 bietet die inzwischen fertigen neuen Krankenwagen von Binz und Miesen an. Dabei fällt auf, daß die Version von Miesen nur drei Türen, die von Binz aber vier aufweist. Die spezielle Krankenwagenausrüstung war schnell beschrieben (im Gegensatz zur Bestückung von Krankenwagen der neunziger Jahre): „Ausgestattet mit einer Krankentrage auf Leichtmetall-Schiebebühne, Be- und Entlüftung, Warmwasserheizung und Hell- und Dunkelschaltung. Eine weitere Trage kann gegen Mehrpreis geliefert werden." (Beispiel Miesen). Die Lieferzeit gibt das Schreiben von Daimler-Benz mit drei bis vier Monaten an. Die Preisliste von Miesen aus dieser Zeit nennt einen Endpreis für den 180 als Krankenwagen von 13 685 DM. Davon entfallen 8500 DM auf das Fahrgestell. Aus heutiger Sicht kurios ist die Aufpreisliste: Die Klingelanlage gab es für 25 DM, den Spaten mit Halterung für 8,55 DM. Das Handbeil mit Halterung kostete dagegen nur 6,15 DM. Der „Außensteuersucher", der Suchscheinwerfer, kam auf 42 DM, eine Rettungsleine auf 18,60 DM. Sowohl Binz wie auch Miesen bekräftigten in ihren Prospekten die Ganzstahlausführung ihrer Fahrzeuge. Noch war nämlich die Ära der Kombiaufbauten aus Holz nicht vergessen (bei DKW gab es dies bis 1952), da mußte besondere Qualität betont werden.

Selten war die Ausführung mit geschlossenen Seitenflächen.

HH-CZ 3

Fritz Lehmann

Rechts oben:
Hägele gestaltete die Seitenwände des Pick-up selbst.
Rechts unten:
Binz hielt sich an die Grundform des Basisfahrzeuges und schuf so den schöneren Pick-up.

Fast zierlich wirkt der 180 neben dem 300 mit verlängertem Radstand. Beide Aufbauten entstanden bei Pollmann.

Leichenwagen spielen naturgemäß eine ganz eigene Rolle im Fahrzeugbau. Ihr Bestimmungszweck bringt es mit sich, daß man einerseits diskret über sie hinwegsieht, sie aber andererseits dem Verständnis von Trauer auch dadurch entsprechen müssen, daß sie würdevoll und seriös wirken. Elegant dürfen sie auch sein, wenn sie nur nicht zu sehr auffallen. Den sehr zahlreichen Bestattungswagen auf Mercedes-Basis stand dabei ein vom Verwendungszweck her sinnvolles Ausstattungsmerkmal außerordentlich gut: das langgestreckte, hintere Seitenfenster unter Wegfall der hinteren Seitentüren. Der Sinn lag darin, daß der Sarg von außen einsehbar sein sollte, etwa bei einer Trauerfeier in großem Rahmen, bei der die verstorbene Person an den Trauergästen langsam vorbeigefahren wurde. Oft blieb die Scheibe auch blind und diente zu Verzierungen oder zum Hinweis auf Name und Adresse des Bestattungsunternehmens. Chromschmuck paßte natürlich ebenfalls sehr gut zu den schwarzen Wagen. Besonders schöne Fahrzeuge gelangen auf Basis des 220 S der Firma Pollmann in Bremen, einem bis heute führenden Vertreter dieses kleinen Marktsegmentes. Elegante Dachlinie, bis ins Dach reichende hintere Türen, viel, aber nicht zu aufdringlicher Chromschmuck kennzeichneten die Fahrzeuge. Binz und Miesen waren hier nur am Rande tätig. Pollmann hat auch mehrere Mercedes 300 mit Gefühl für gutes Design aufgebaut. Den Pollmann-Prospekt aus den sechziger Jahren ziert sogar ein 600 als Leichenwagen. Tatsächlich hat es ein Exemplar davon gegeben, es lief in Hannover. Weitere Anbieter von Bestattungswagen waren (und sind es bis heute) Rappold in Wülfrath und Stolle in Hannover. Wenn von den Bestattungsunternehmen große und komfortable Fahrzeuge geordert wurden, lag dies nicht allein an der Notwendigkeit zur Repräsentation. Immerhin müssen auch lange Überführungsfahrten bewältigt werden. Wie in jeder Branche weiß das Fahrpersonal Komfort zu schätzen.

Als die Verkaufsabteilung im Jahre 1954 an einen Pick-up dachte, hatte sie wohl in erster Linie den Export im Sinn. In Deutschland nämlich hatten diese praktischen Fahrzeuge keinen Markt bis in die neunziger Jahre. Wie beim Kombi war auch hier Volkswagen ein Vorreiter mit dem vom Golf I abgeleiteten Caddy (Markteinführung 1983), wenn auch nicht mit solch durchschlagendem Erfolg wie einst beim Variant. Mercedes Pick-ups hatte es unmittelbar nach dem Krieg sogar aus dem eigenen Hause gegeben, der 170 V als Pritschenwagen zählte zu den allerersten Produkten nach 1945. Den Ponton-Mercedes nahmen sich einige Karosseriebaufirmen vor. Bekannt geworden sind Wagen der Heilbronner Firma Hägele und von Binz. Stilistisch der neuralgische Punkt bei diesen Fahrzeugen ist die seitliche Kante und

Vorseite: Eine hochelegante Erscheinung ist dieser Pollmann-Bestattungswagen auf Basis des 220 S.

Rechts: Hier wurde die hintere Seitentür beibehalten.

HERMANN SCHEIBLE
BAUGESCHAFT

der hintere Abschluß der Ladefläche. Hägele hatte zwei Möglichkeiten, die vermutlich unterschiedlich teuer waren: einen einfachen, glatten Abschluß mit kleinen Heckleuchten oder eine den Rundungen des Wagens nachempfundene Heckgestaltung mit den Originalleuchten. Binz löste das Problem noch eleganter, wie ein 1960 gefertigter Wagen zeigt, und brachte sogar eine eigene Klappe für das Reserverad an. Die Pick-ups sind immer Einzelstücke geblieben, heute gehören sie zu den gesuchtesten (und kaum noch auffindbaren) Raritäten in der Oldtimerszene. Dasselbe gilt für die wenigen Kombis und Lieferwagen mit geschlossener Seitenscheibe. Sie geben ein sehr elegantes Bild ab. Einen Markt hatten sie immer in den Benelux-Staaten, wo „Bestelwagen" auf Basis von Personenwagen Steuervorteile genossen (in Belgien ist das bis heute so geblieben).

Sonderaufbauten des Werkes

Die Idee eines serienmäßigen Kombis auf Basis des 180 hatte den Entwicklungsingenieuren keine Ruhe gelassen. Eine Maßzeichnung aus dem Jahre 1954 beweist das Ergebnis dieses Bemühens. Daß die Zeichnung nicht das Produkt eines der Karosserieaufbauer zeigt, belegt schon die Kennzeichnung des Blattes: „Daimler-Benz AG Werk Sindelfingen Kombinationskraftwagen W 120 Typ 180" ist dort zu lesen – neben der Maßstabsangabe von 1:10 beziehungsweise 1:20. Es gibt entsprechende Zeichnungen aus der selben Zeit mit der zusätzlichen Angabe, daß es sich um Aufbauten von Binz oder Miesen handelt.

Für den Werkskombi verwendete man das zweitürige Fahrgestell, wählte also gleich die elegantere Lösung. Dachlinie und C-Säule bilden eine harmonische Einheit, auch die Länge des dritten Seitenfensters wirkt wohlproportioniert. Im Entwurf hatte der Werkskombi noch eine seitlich zu öffnende Flügeltür. Er ähnelt sehr dem entsprechenden Aufbau von Binz. Bei genauer Betrachtung sind aber Unterschiede in der Gestaltung der hinteren Seitenfenster, an der C-Säule und beim hinteren Überhang festzustellen. Ob der Werkskombi jemals auf die Räder gestellt wurde, ist heute nicht mehr bekannt. Aus dem Jahre 1959 existiert das Foto eines 190. Es gehört zum Fundus des Archivs der Karosserieentwicklung in Sindelfingen und zeigt den Kombi mit Stahlschiebedach. Hier könnte es sich um einen Werkskombi handeln, zumal die stets gewissenhafte Registratur des Archivs keinen Aufbauhersteller angibt. In der Linie entspricht dieser Wagen genau dem Entwurf von 1954. Ungewöhnlich sind die unter den Hauptscheinwerfern angebrachten zusätzlichen Blinklichter.

Aus dem schönen Werkskombi wurde nichts. Noch bedauerlicher aus heutiger Sicht ist die Streichung der hochinteressanten Cabrio-Projekte auf Basis des 180. Die Fotos aus der Versuchsabteilung machen noch jetzt Lust auf diese Autos, sie blieben aber Einzelstücke. Erstaunlicherweise gab es als fertige Prototypen mindestens zwei verschiedene 180-Cabrios. Entsprechend der werksinternen Bezeichnung waren dies ein A-Cabriolet (zwei Türen, zwei Fenster, ein Notsitz) und ein B-Cabriolet (zwei Türen, vier Fenster, 4–5 Sitze). Im April 1954 waren beide Wagen fertig. Das A-Cabrio irritiert in der optischen Wirkung durch den um 250 auf 2400 Millimeter verkürzten Radstand und die um 32 Zentimeter auf 1,20 Meter verlängerte Tür (die damit exakt die Hälfte des Radstandes maß)! Vorderteil und Heck stehen dadurch in einem ungünstigen Verhältnis zueinander, was besonders bei geschlossenem Verdeck auffällt (wie man ja überhaupt wirklich schöne Cabriolets daran erkennt, daß sie auch geschlossen wirken. Bestes Positivbeispiel dafür in der Geschichte von Mercedes ist der SL des Jahres 1989). Ein von erhöhtem Standort aufgenommenes Bild des A-Prototyps in geöffnetem Zustand verbirgt diesen Effekt geschickt.

Wesentlich überzeugender fiel die B-Cabriolet genannte Cabriolet-Limousine aus. Bei der Verwendung

Zeichnung eines Werkskombis, der nie verwirklicht wurde.

Bei diesem Fahrzeug handelt es sich vermutlich um einen in Sindelfingen aufgebauten Kombi.

des Originalradstands und der verlängerten Tür stört nicht einmal der Wegfall der hinteren Seitentüren das Bild, ganz im Gegenteil: Der Wagen wirkt ausgesprochen majestätisch. Zumindest im Entwurf gab es noch eine dritte Variante, nämlich ein B-Cabrio mit den vorderen Originaltüren. Für welche Türgröße man sich auch entschlossen hätte, eine solche Cabriolimousine hätte das von der Modellvielfalt her doch sehr entönige Bild des 180 enorm bereichert und auch nicht in Konkurrenz zum edlen Cabriolet des 220 S gestanden. Leider war die Zeit der erfolgreichen Besetzung von Marktnischen für Daimler-Benz noch nicht angebrochen. Wie wertvoll solche einst in Kleinserie gefertigten Cabriolets heute wären, darüber mag der Oldtimerfreund gar nicht nachdenken.

Daß sich auch keiner der in den fünfziger Jahren noch recht zahlreichen Cabriospezialisten unter den Karosseriebauern des Mercedes annahm, verwundert ebenfalls. Borgward Isabella, Ford 17M (Deutsch in Köln), Opel Rekord, BMW V8 (Autenrieth in Darmstadt), DKW (Baur in Stuttgart, Karmann in Rheine) oder Abwandlungen des erfolgreichen VW Käfer Cabrios (Hebmüller in Wülfrath) gab es, mancher Marktaußenseiter glänzte mit attraktiven Sonderversionen, nur der 180 von Mercedes als Basis war nicht dabei.

Sondermodell Taxi

Das waren rosige Zeiten für die Verkaufsabteilung: Auf dem Markt der Taxen hatte Daimler-Benz nahezu ein Monopol, zumindest in Deutschland. Aber auch im Ausland lief der 180 D in Taxibemalung unermüdlich. Große Aufträge, zum Beispiel nach Dänemark und Österreich, in den Iran und nach Hongkong, waren stets eine Pressemitteilung wert. Schließlich sollte jeder wissen, daß gerade Berufskraftfahrer auf den Stern als Arbeitsmittel setzten. Die schwarzen 180 D waren in die fünfziger Jahren in der Bundesrepublik Deutschland das Taxi schlechthin. Genügend Platz und Fahrkomfort für Kundschaft und Unternehmer und für letzteren auch noch große wirtschaftliche Vor-

180
AW 27-20010

Die Wagengattung der Cabriolimousinen war noch populär, der offene 180 wäre vermutlich mit Beifall aufgenommen worden.

Unglückliche Proportionen weist dagegen das kurze Cabriolet der Versuchsabteilung auf.

Vorseite:
Zu schön, um wahr zu werden: die Cabriolimousine des 180 blieb ein Traum.

Rechts:
Deutlich ist der verkürzte Radstand zu erkennen.

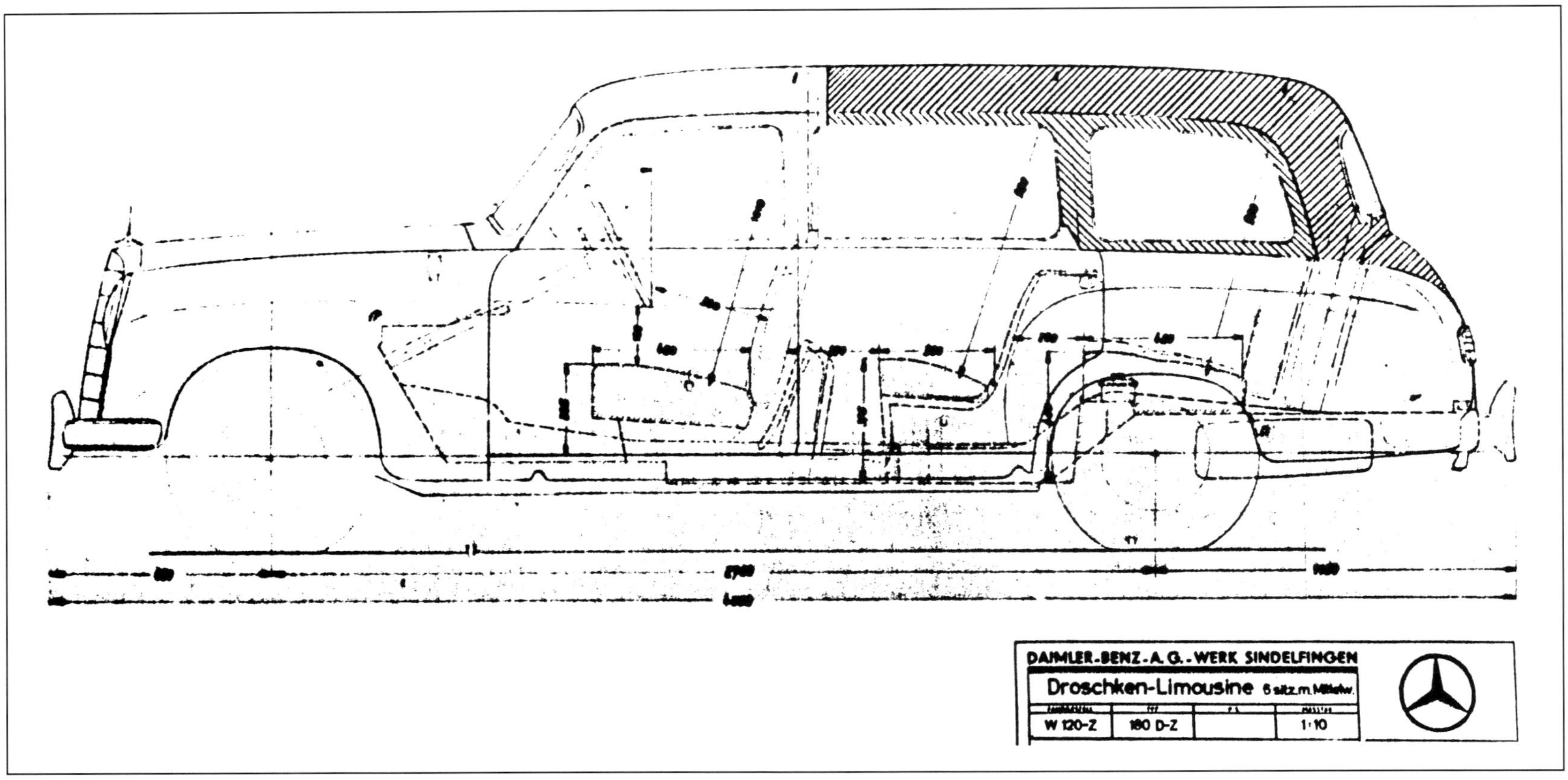

Die gute Idee blieb auf dem Papier: „Droschkenlimousine 6sitzig" aus der Versuchsabteilung.

teile vom Verbrauch bis zur Langlebigkeit, das zählte. Erst mit dem Aufkommen kultiviert laufender Diesel-Limousinen bei Mitbewerbern wurde das Beinahe-Monopol mehr und mehr durchbrochen. Ab den achtziger Jahren ist der Fuhrpark der Taxiunternehmer bunter geworden, unverändert ist Mercedes bis heute die am meisten vertretene Marke.

Niemand brauchte 1953 darauf hinzuweisen, daß sich der 180 D hervorragend als Taxi eignete. Außer dem Taxameter und der traditionell schwarzen Lackierung mußte nicht viel nachgerüstet werden. Ein Suchscheinwerfer bewährte sich, die Deckenbeleuchtung im Fond und Ende der fünfziger Jahre die Vorbereitung für den Einbau des Funksprechgerätes standen auf der Preisliste für Taxifahrer. Für den Funkbetrieb war bereits ein Loch im Dach für die Antenne angebracht, außerdem erhielt der Dachhimmel einen Reißverschluß, damit das Kabel zur Antenne unauffällig geführt werden konnte.

Das Werk hat sich immer wieder um eine Optimierung der Taxiausführung bemüht. Nicht immer mit Erfolg, wie der unbeachtet gebliebene Vorschlag einer Trennwand im 190 der Heckflossen-Baureihe beweist. Trotz sich häufender Überfälle auf Taxifahrer und einer 1961 eingeführten Verordnung zu Trennwänden setzten sich diese seinerzeit nicht durch, die Verordnung verschwand wieder, der Mercedes-Prototyp auch. Praxisnäher war der Vorschlag eines als Kleintaxi bezeichneten 180 D. An Ausstattungserweiterung sollte er einen Gepäckträger an der hinteren Stoßstange erhalten, ähnlich späteren Skihaltern.

Eine andere, weit umfassendere Idee hätte mit Sicherheit Geschichte gemacht in der Entwicklung des modernen Taxis: Ein Werksentwurf aus dem Jahre 1954 zeigt ein Großraumtaxi, wie es 1958 die britische Firma Carbodies verwirklicht hat! „Droschkenlimousine 6sitzig mit Mittelwand" nannte es die Versuchsabteilung in Sindelfingen. Sie hatte das viertürige Fahrgestell des 180 genommen, die hinteren Seitentüren bis zur Gürtellinie gekappt und die Fahrgastzelle bis zum Heck verlängert. Sie verwendete die Originalheckscheibe, auch die Dachlinie entsprach dem 180. Auf diese Weise entstand ein gut aussehender Großraumpersonenwagen. Leider nur auf dem Papier. Offenbar konnten die Verantwortlichen nicht ahnen, welch später bahnbrechender Idee sie da Gestalt gegeben hatten. Carbodies mit seinem berühmten „Londoner Taxi" hatte über Jahrzehnte Erfolg mit einem ganz ähnlichen Auto. 35 Jahre nach seinem Debüt war es als FX4 äußerlich nahezu unverändert in Produktion. Mitte der achtziger Jahre verschaffte außerdem die aus den USA nach Europa überschwappende Welle der Raumautos dieser Fahrzeuggattung noch viel größere Geltung. Bis zu einem Mercedes dieser Art sollte es noch bis zur Mitte der neunziger Jahre dauern.

Einsatzfahrzeuge

Bequem und langlebig dürfen auch Einsatzfahrzeuge bei Polizei und Feuerwehr sein. Außerdem kommt es hier auf Tempo an, so daß in den fünfziger Jahren der 220 S viel Verwendung fand. Eines der ersten Fotos eines Prototypen der Heckflossen-Generation zeigt übrigens einen 220 S als Streifenwagen der Autobahnpolizei. Falls das Bild nicht gestellt ist, waren die Polizeibeamten wohl

Mercedes-Taxis gingen in alle Welt, dieses nach Portugal.

neugierig auf das fremdartige Auto (und auf ihren künftigen Dienstwagen) geworden und hatten eine Kontrolle durchgeführt. Um die Behörden von der Notwendigkeit der Anschaffung eines schnellen Einsatzfahrzeuges zu überzeugen – in Konkurrenz sogar zum Porsche 356 –, wurde ein spezieller Prospekt gedruckt. Nebelscheinwerfer, Zusatzhörner und ein außen angebrachter Suchscheinwerfer sind neben dem Blaulicht die einzigen äußeren Merkmale. Verschiedentlich wurde auch auf dem Dach ein Lautsprecher angebracht, sowohl zur „Übertragung" des Martinshorns wie auch als Sprecheinrichtung. In der Prospektdarstellung wird auf jede auffällige Lackierung verzichtet, obwohl es sie für Polizeifahrzeuge gab. Offenbar wollte man die eleganten Linien der großen Limousine nicht durch „Kriegsbemalung" stören. Außerdem liefen viele 180/180 D und 190/190 D im Polizeidienst. Gelegentlich traf man den 220 S auch bei der Feuerwehr an, als Dienstwagen für den ranghöchsten Feuerwehrmann („Brandmeisterwagen"). Solche Fahrzeuge waren für das Werk eine wichtige Imagepflege, denn noch mehr als für das Taxi gilt hier die Erkenntnis des Verbrauchers: Was Polizei und Feuerwehr benutzen, kann nicht schlecht sein. Das Geschäft mit Dienstwagen wurde deshalb immer schon gefördert, sicherlich auch schon mit Rabatten auf den Kaufpreis.

Mit allem ausgerüstet, was seinerzeit ein Polizeiwagen brauchte: der 180 im Einsatz.

Pionierarbeit

Pontonform und selbsttragende Karosserie verkörpern bei der Baureihe den technischen Fortschritt. Beides gibt dem W 120 und den folgenden Modellen innerhalb der Ahnengalerie von Daimler-Benz ihren Platz. Eher unauffällig und daher bis heute wenig beachtet war zugleich ein sehr wichtiger Schritt nach vorn in der technischen Entwicklung vollzogen worden: Die Abkehr vom X-förmigen Rahmen der Vorgängermodelle eröffnete ganz neue Möglichkeiten in der Sicherheitstechnik. Die neue Rahmenbodenanlage verfügte über einen längs verlaufenden Mittelträger, zwei starke Längsträger und mehrere Querträger. Das gab nicht nur dem gesamten Aufbau Stabilität, sondern stellte auch einen stark verbesserten Schutz vor allem beim Seitenaufprall dar. Zusätzlich verliefen kastenförmige Hohlträger rund um den Wagen. Der X-förmige Rahmen hatte dagegen den Seitenaufprallkräften weiche Flanken geboten.

Es gehört zu den großen Verdiensten von Daimler-Benz, sich um die Frage der passiven Sicherheit schon bemüht zu haben, als anderswo fast alle Anstrengungen gesteigerter Motorleistung, verbessertem Komfort und kostengünstigerer Produktion galten. Allenfalls die Entwicklungen am Fahrwerk und an den Bremsen lassen sich bei der Konkurrenz rückblickend unter dem Aspekt der Verkehrssicherheit einordnen, wenn auch der aktiven. Sie galten demzufolge allein der Vermeidung von Unfällen, nicht der Linderung von Unfallfolgen.

Daimler-Benz verdankt den bis in die neunziger Jahre anhaltenden Vorsprung auf dem Gebiet der passiven Sicherheit zu einem wesentlichen Teil den Impulsen eines fleißigen und genialen Erfinders: Béla Barényi, ein aus Österreich stammender Ingenieur, trat 1939 in die Firma ein und widmete sich diesem Thema, bis er 1973 in Ruhestand ging. Es ist keine Übertreibung, wenn man ihm nahezu jeden bis dahin erreichten technischen Fortschritt in der passiven Sicherheit von Automobilen zuschreibt. Auch danach lebte die inzwischen angewachsene Abteilung – in den achtziger Jahren hatte sie mehr als 1300 Mitarbeiter – noch eine Zeitlang von seinen Ideen, erst der Einsatz spezieller Computer in den achtziger Jahren bescherte den Forschern neue Erkenntnisse. Das bezog sich vor allem auf die Auswertung der Crashversuche und die Entwicklung neuer Techniken wie die des Airbags. Béla Barényi ist bis heute im Hause Mercedes so gegenwärtig, daß die Firma 1992 den da schon 85jährigen Ruheständler in einem Fernsehwerbespot als Pionier feierte (und die Mercedes-Produkte gleich mit).

Zahlreiche von Daimler-Benz eingereichte Patente laufen auf seinen Namen. Das wichtigste war die „gestaltfeste Fahrgastzelle". 1951 mit der Patentschrift Nr. 854 157 versehen, bildete sie die Grundlage für die Rahmenbodenanlage der Ponton-Baureihe. Neben den seitlichen Verstärkungen des Fahrwerks sah sie außerdem Knautschzonen vorn und hinten vor, eine völlig neue Idee. Zu jener Zeit waren auch Fachleute noch der Auffassung, daß ein fester Vorbau, der beim Unfall das gegnerische Auto einfach davonschiebt, die beste Sicherheit biete (daß sich ein Baum nicht wegschieben läßt, blieb unbeachtet, wie es einem weggeschobenen Unfallgegner ergeht, auch). Solche und ähnliche Argumente hielten sich hartnäckig. Als beispielsweise Ende der fünfziger Jahre die ersten Sicherheitsgurte aufkamen, glaubten viele, es sei besser, aus dem Auto herausgeschleudert zu werden als sich „gefesselt" im Auto dem ganzen Aufprall auszusetzen. Der noch mäßige Verkehr Anfang der fünfziger Jahre ließ die Unfallgefahr noch nicht als besonders bedrohlich erscheinen, obwohl die Unfallbilanz bereits recht erschreckend war. Immerhin gab es in der damaligen Bundesrepublik im Jahre 1953 die horrende Zahl von 11 449 Verkehrstoten, mehr als Anfang der neunziger Jahre im

Rechts:
Schon früh bemühte man sich bei Daimler-Benz um die passive Sicherheit, wie die Patentschrift von Béla Barényi beweist.

Erteilt auf Grund des Ersten Überleitungsgesetzes vom 8. Juli 1949
(WiGBl. S. 175)

BUNDESREPUBLIK DEUTSCHLAND

AUSGEGEBEN AM 30. OKTOBER 1952

DEUTSCHES PATENTAMT

PATENTSCHRIFT

Nr. 854 157

KLASSE 63c GRUPPE 43 01

D 7823 II / 63c

Béla Barényi, Stuttgart-Rohr
ist als Erfinder genannt worden

Daimler-Benz Aktiengesellschaft, Stuttgart-Untertürkheim

Kraftfahrzeug, insbesondere zur Beförderung von Personen

Patentiert im Gebiet der Bundesrepublik Deutschland vom 23. Januar 1951 an
Patentanmeldung bekanntgemacht am 28. Februar 1952
Patenterteilung bekanntgemacht am 28. August 1952

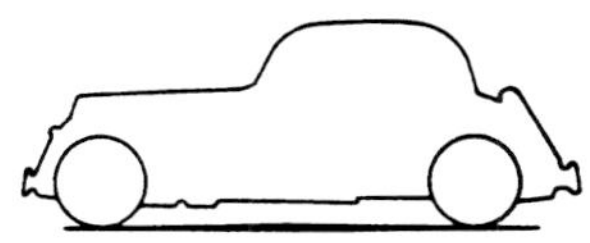

Fig. 1

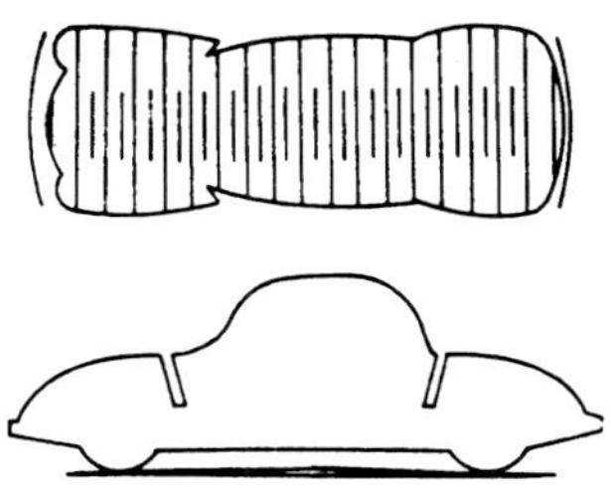

Fig. 2

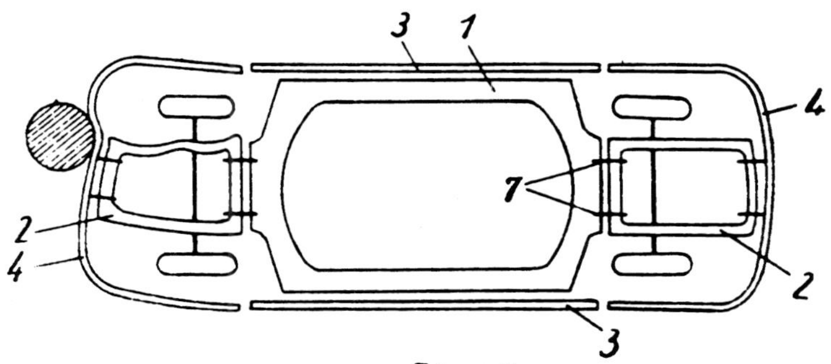

Fig. 3

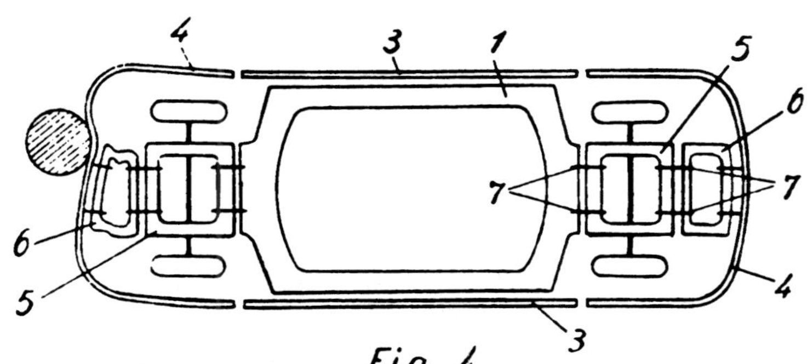

Fig. 4

Crash-Versuche mit dem Ponton stammen nicht aus der Entwicklungszeit der Baureihe. Hier ein früher Dummy vor dem Test ...

... und nachher: aus heutiger Sicht ein wenig zufriedenstellendes Ergebnis.

vergleichbaren Raum der alten Bundesländer (dort waren es 7211 im Jahre 1992). Und das bei einem ungleich niedrigeren Kraftfahrzeugbestand (1951: 715 904 Personenwagen, 1990: 30 684 811) und einer ebenfalls viel geringeren Fahrleistung pro Auto. Die für die fünfziger Jahre sehr ungünstigen Werte haben natürlich nicht nur in der Technik der damaligen Autos ihre Ursache, sondern auch in sehr schlechten Straßen, relativ wenigen Autobahnkilometern – allen Diskussionen um Tempobegrenzungen auf den deutschen Autobahnen zum Trotz sind diese die mit großem Abstand sichersten Straßen – und einem sehr hohen Anteil von Zweiradfahrern, bekanntlich eine besonders gefährdete Gruppe. Zweifellos aber hat immer wieder verbesserte Technik in den achtziger und neunziger Jahren zusammen mit der Gurtpflicht zu der relativ günstigen Entwicklung der Zahl der Unfalltoten beigetragen wie auch medizinischer Fortschritt und ein gut organisiertes Rettungswesen.

Béla Barényi war zu seinem Einstand im Jahre 1939 im Werk Sindelfingen nicht unbedingt ein gern gesehener Neuling. Generaldirektor Wilhelm Haspel hatte ihn persönlich eingestellt. Im Vorstellungsgespräch hatte der junge Bewerber offensiv sein Anliegen um sichere Autos vorgetragen und dabei auch mit Kritik an der laufenden Mercedes-Produktion nicht gespart. Wie sich Barényi später noch gern erinnerte, reagierte der allmächtige Direktor auf die Kritik positiv und ernannte ihn sofort zum Abteilungsleiter. Die Abteilung war allerdings denkbar klein. Eine Baracke auf dem Werksgelände wurde ihm zugewiesen, zunächst werkelte er dort allein, später unterstützt von einem Zeichner. Die etablierte Konstruktionsabteilung sah die „Spielereien" des Neuen gar nicht gern, es bedurfte des besonderen „Schutzes" vom Generaldirektor, um Barényi ungestörtes Arbeiten zu ermöglichen.

Katapultiert wird diese Ponton-Limousine bei einem frühen Crash-Versuch.

Die sichere Fahrgastzelle

Erste Ergebnisse stellten sich schnell ein. 1940 stand ein Prototyp auf den Rädern: die „unfallsicher ausgelegte Bodengruppe" wies Längs- und Querträger auf. Sechs Fahrzeuge wurden gebaut, sie erhielten die Karosserie der damaligen 170er. Erhalten geblieben ist keines. Die Nummer eins kam nach dem Krieg in die Hände der französischen Besatzungsmacht und blieb später verschollen. Diese Prototypen waren ein erster Schritt in Richtung auf wirkungsvollen Seitenaufprallschutz. Knautschzonen fehlten ihnen ebenso wie Überrollbügel. Dennoch, die Idee war auf den Weg gebracht.

Früher liefen die Crash-Fahrzeuge auf Schienen.

Der Krieg unterbrach all diese Arbeiten, aber schon 1945 ging es weiter. Der nächste Prototyp, „Terracruiser" genannt – ein effektvoller Name, der auch zu einem Geländewagen der achtziger Jahre gepaßt hätte –, war 1947 fertiggestellt und hatte ein Lenkrad mit Pralltopf. Nun war die Knautschzone das Ziel allen Forschens. 1951 wurde die schon bekannte Fahrgastzelle um das Prinzip der Knautschzonen vorn und hinten erweitert und zum Patent angemeldet. Rechtzeitig genug, um in der Rahmenbodenanlage des neuen 180 verwendet zu werden.

Nicht mit allem ging es so zügig. Das Lenkrad und das Armaturenbrett des 180 mußten noch ohne den Pralltopf aus dem Prototyp des Jahres 1951 ihren Weg antreten. Das Armaturenbrett war zunächst noch unberührt von entsprechenden Überlegungen, die Barényi zur selben Zeit aber bereits anstellte. Erst die Generation der „Heckflossen"-Modelle, 1959 auf den Markt gekommen, stellte den ehrgeizigen Konstrukteur in dieser Beziehung zufrieden: keine scharfen Kanten, kein hervorstehender Instrumentenknopf, gepolsterte Sonnenblenden, Fensterleisten und Armlehnen und ein Lenkrad immerhin mit Prallplatte, allerdings noch nicht mit dem Pralltopf. Insgesamt war die Armaturenanlage stoßnachgiebig angelegt, erstmals gab es versenkt angeordnete Türziehgriffe. Die intern als Baureihe W 110 bis 112 bezeichneten Limousinen (sowie Coupés und Cabrios) gingen zu Recht als

8
7
6
6

nach dem Ponton zweiter Meilenstein auf dem Weg zur optimalen passiven Sicherheit in die Geschichte des Automobils ein. Was das Armaturenbrett angeht, erhielten die Ponton-Modelle am Schluß doch noch einen Teil des Fortschritts: Die 1959 eingeführten 180/190b bekamen Polsterwülste, gepolsterte Sonnenblenden, elastische Bedienungsknöpfe und vor allem ein Lenkrad mit Polsternabe. Das Duroglas genannte Sicherheitsglas gab es in der Ponton-Baureihe von Anfang an.

Gerade noch rechtzeitg für die Ponton-Baureihe war im Jahre 1958 das neue Türschloß serienreif geworden. Die Sicherheitstürschlösser gingen ausnahmsweise nicht auf ein Barényi-Patent zurück, sondern stammten von Karl Wilfert. Wilfert war immer ein Förderer Barényis gewesen und nahm als leitender Ingenieur im Entwicklungsbereich großen Anteil an dessen Arbeit. Er beendete seine Dienste bei Daimler-Benz als Leiter der gesamten Karosserieentwicklung, nachdem er seit 1935 verschiedene Abteilungen geführt hatte. Ein Keilzapfen im Wilfert-Schloß sorgte dafür, daß die Türen auch bei schwerem Aufprall nicht aufsprangen und von außen zu öffnen waren. Eine sehr wichtige Erfindung in einem Verkehrsgeschehen, in dem man den Sicherheitsgurt bestenfalls aus der Wochenschau kannte. Erst in großen Etappen wurde der später als „Lebensretter Nummer eins" erkannte Dreipunktgurt eingeführt. Ende der fünfziger Jahre erreichten erste Bilder von Überschlagversuchen mit angeschnallten Fahrern die interessierte Öffentlichkeit. Vorsichtshalber wurden dazu besonders stabile Autos wie der Bukkel-Volvo oder der große BMW genommen. Seit 1957 gab es in einigen wenigen Autos Befestigungspunkte für die Gurte. 1974 mußten in der Bundesrepublik alle neu in den Verkehr kommenden Autos vorne Gurte haben, 1979 auch hinten. 1976 kam in der Bundesrepublik pro forma die Anschnallpflicht, 1982 mit der Einführung des Bußgeldes auch praktisch.

Ein Barényi-Patent von 1956 hatte bereits das Prinzip der Kraftverteilung durch Vergabelungen der vorderen Längsträger in den Boden angewandt. Diese Idee, erst viel später in die Serie eingeführt, entlastete die Knautschzonen, indem sie die geballte Kraft des Aufpralls von vorn nach hinten leitete und so an der Fahrgastzelle vorbeiführte. Erst für die S-Klasse von 1979 war die Idee in die Tat umgesetzt. Äußeres Zeichen der Bemühungen von Mercedes um die verbesserte Sicherheit seiner Fahrzeuge waren die Spezialanfertigungen. Es gab mehrere Experimental Safety Vehicles (ESV), den ersten 1971. Natürlich ließen sie sich auch sehr gut zur Selbstdarstellung der Firma verwenden, es waren aber vor allem echte Technologieträger.

Vorseite:
Besser als die Konkurrenz schnitt der Ponton-Mercedes bei Crash-Versuchen ab.

Die Crash-Versuche

Die Erkenntnis, daß nur systematische Versuche gesicherte Daten über die physikalischen Folgen eines Unfalls liefern, reifte im Laufe der fünfziger Jahre.

Gegen Ende der Dekade begann Daimler-Benz als erste Automobilfabrik in Deutschland mit solchen Versuchen. Erstmals angewandt wurden sie übrigens in den USA. Bis dahin hatten sich die Mercedes-Ingenieure auf die Auswertung von „Realunfällen" beschränkt. So nennen sie seit der Einführung der im Crashversuch künstlich herbeigeführten Unfälle tatsächlich geschehene Unglücke. Wo immer es möglich war, kaufte das Werk schwer beschädigte Mercedes auf und wertete den Unfall in Zusammenarbeit mit den Behörden aus. Diese Praxis wird bis heute gepflegt, nun als Ergänzung zu den immer exakter gewordenen Crashversuchen. Als das Forschen nach mehr Sicherheit noch nicht so systematisiert war, konnte der schwere Unfall eines Kunden gerade zum rechten Zeitpunkt kommen. So auch im Juli 1954: Durch eine Zeitungsmeldung aufmerksam geworden, erwarben die Werks-Ingenieure das Wrack eines 180, der samt Fahrer 60 Meter tief am Adlertor vor der Zollerburg bei Ludwigsburg abgestürzt war. Das Auto hatte sich zweimal der Länge nach überschlagen und einige Bäume umgerissen. Endlich in Ruhestellung, wurde es noch von herabstürzenden Steinbrocken getroffen. Der Fahrer war unverletzt geblieben! Im Werk wurde der Wagen analysiert, das Ergebnis in den Verkaufsinformationen veröffentlicht: „Auf Grund des guten Zustandes der Bodenrahmenanlage nach dem Unfall ist die Voraussetzung dafür geschaffen, daß der Aufbau des Fahrzeuges von technischer Seite ohne weiteres wieder instandzusetzen ist." Die Sitze waren noch in ihrer ursprünglichen Lage und mit der Bodenrahmenanlage verbunden. Die Mitteilung an die Verkäufer faßt das Wesentliche zusammen: „Obwohl wir es im allgemeinen ablehnen, Unfälle zu Werbezwecken auszuwerten, gibt uns doch der Unfall eines unserer Kunden mit Fahrzeug Typ 180 die Möglichkeit, augenfällig zu demonstrieren, daß nur die Stabilität unserer neuen Rahmen-Bodenanlage 1. dem Insassen das Leben gerettet hat und 2. die Voraussetzungen schuf, daß das Fahrzeug wieder hergestellt werden kann."

Weil Fotos existieren von einem im Crashversuch frontal gegen die Wand gefahrenen Mercedes 170S und auch von einem 180, ist vielfach der Eindruck entstanden, schon bei der Entwicklung dieser Autos habe es derartige systematische Tests gegeben. In der Tat wurden aber erst ab Ende der fünfziger Jahre und dann auch mit älteren Autos diese Versuche gemacht. Die älteren Exemplare bezog man ein, um Vergleichswerte mit den gerade laufenden Entwicklungen zu erhalten und um Erfahrungen mit dem Crashtests zu sammeln. Es kam sogar vor, daß von Mitarbeitern

Unfreiwillig lieferte dieser 180 einen Beweis der Qualität der passiven Sicherheit des 180 ab.

abgekaufte, ältere Autos fremder Herstellung verwendet wurden. Das geht aus einer intern verteilten Broschüre zum Thema „30 Jahre Unfallversuche" im Jahre 1989 hervor. Schon vorher entwickelt waren einzelne Elemente wie das Schlagpendel: Eine Holzkugel, so schwer und so groß wie der menschliche Kopf, wurde gegen das Armaturenbrett geschlagen, um die Wirkung des Aufpralls zu testen.

Insassen der Crashfahrzeuge waren in den ersten Jahren Schaufensterpuppen. Daß auch Leichen verwendet wurden, hat Daimler-Benz immer bestritten. Im Herbst 1993 geriet ein Forschungsinstitut in Heidelberg in die Schlagzeilen, das tatsächlich Crashversuche mit Leichen durchgeführt hatte. Der Aufschrei der Medien war schnell verhallt, als die geringe Anzahl der Versuche und deren wissenschaftliche Begründung bekannt wurde. Außerdem hatte dem Institut in jedem Fall das Einverständnis der Angehörigen vorgelegen. 1967 standen die ersten genormten Dummies zur Verfügung. Sie saßen dabei im Auto, ohne etwas „zu tun", also ohne Daten nach außen übermitteln zu können. Mit Spezialkameras wurden von außen ihre Bewegungen beim Aufprall aufgenommen. Die Computertechnik ermöglichte ab dem Jahre 1983 auch exakte Messungen von innen. Paradetest der Techniker war über lange Jahre der Frontalaufprall mit voller Überdeckung, wie er aus den USA bekannt war. In den achtziger Jahren stellte sich dann der Aufprall mit teilweiser Überdeckung als wirklichkeitsnäher und schwerwiegender in der Wirkung heraus, da dies in drei Vierteln der Fälle dem realen Unfallgeschehen von Frontalzusammenstößen entspricht.

Die Technik der Unfallversuche war anfangs recht einfach. Es begann mit Überschlagversuchen. Dabei wurden von einer Seilwinde gezogene Wagen zum Kippen gebracht. Davon existieren heute noch Aufnahmen – auch von einem 180. Auf den damaligen schlechten Straßen waren Überschläge eine häufige Unfallart. 1962 löste die Heißwasserrakete die Seilwinde ab. Ganz ungefährlich war das nicht, es gab auch Fahrzeuge, die ganz woanders zum Stehen kamen, als es vorherbestimmt war. Zum Glück waren die Schutzräume groß genug bemessen, so daß bei gelegentlichen „Ausritten" niemand zu Schaden kam.

Die Abteilung mußte ihre ersten Crashversuche im Freien abhalten, abhängig vom Wetter und anderen Unwägbarkeiten, die vor allem die filmische Dokumentation beeinflußten. 1972 war die große Versuchshalle im Werk Sindelfingen fertig. Als Antrieb fand jetzt ein Elektromotor Verwendung, später ließ sich dann eine ungespurte Fernsteuerung verwirklichen. Nicht nur die Versuche wurden genauer, sondern auch die Auswertung. Kein Vergleich mit den Bildern eines von der Seilwinde gezogenen Ponton aus der Anfangszeit. Aus dem gewagten Experiment ist ein kontrolliertes Forschen geworden.

Sport mit Limousinen

Wer sich im Jahre 1953 mit Motorsport befaßte, dachte an die Großen Preise mit Ferrari, Maserati, Gordini und Alfa Romeo. Auch ohne deutsche Beteiligung waren die Rennen der 1950 ins Leben gerufenen Formel-1-Weltmeisterschaft bereits sehr populär, traumhafte Besucherzahlen verwöhnten die Veranstalter am Nürburgring, dem Schauplatz der Großen Preise von Deutschland, am Hockenheimring und auf der Stuttgarter Solitude. Weit verbreitet waren Sportwagenrennen, an denen sich Daimler-Benz mit dem großartigen SL beteiligte und bei denen Porsche mit seinem später so berühmt gewordenen Spyder gerade begann, eine gute Rolle zu spielen. Das Teilnehmerfeld war unterteilt in Seriensportwagen und Sportwagen. Die Sportwagenrennen hatten nach dem Krieg den Automobilsport in Deutschland überhaupt wieder in Gang gebracht, Eigenbauten und Kleinserien auf Basis des unverwüstlichen Vorkriegs-BMW 328 hatten noch Ende der vierziger Jahre die ersten Besucher an die Bahnen gelockt. Ihre bekanntesten Vertreter waren die Veritas-Sportwagen, sie wurden in Kleinserie produziert und beherrschten das Geschehen der ersten Motorsportjahre nach dem Zusammenbruch.

Im Jahre 1953 gab es immer noch einige jener dramatisch gefahrvollen Dreieckskurse, einfache Straßenkombinationen mit Ortsdurchfahrten und Zuschauerplätzen, die unmittelbar am Pistenrand begannen, ohne irgendeinen Schutz bei Unfällen zu bieten. Der Grenzlandring im Rheinland und der Schottenring in Hessen sind Beispiele dafür. Man fuhr, wo es nur irgendwie möglich war und erreichte damit viele Zuschauer. Weite Reisen waren nämlich für die meisten Menschen noch nicht möglich. Ein Großteil der Aktivitäten und auch des Interesses konzentrierte sich auf den Motorradsport, entsprechend den Motorisierungsmöglichkeiten des Normalverbrauchers. Der Motorsport war in heute kaum vorstellbarem Maße ein Abenteuer – und das nicht nur für die Aktiven, sondern auch für die Zuschauer! Ohne Rücksicht auf offenkundige Gefährdung kamen sie buchstäblich in Massen. Es fehlte den Menschen damals in ihrer knappen Freizeit ein großes Angebot an Zerstreuungen, man war dankbarer und geduldiger als spätere Generationen von Sportkonsumenten. Und in den Monaten nach dem Zusammenbruch 1945 waren die ersten Rennen auch ein Signal, daß das Leben irgendwie weitergehen würde. Der Sport insgesamt hat in dieser Zeit eine wichtige Rolle als Mutmacher gespielt. 1945 war noch Rennpause, als das erste deutsche Autorennen nach dem Krieg gilt eine Veranstaltung in Ruhestein bei Freiburg im Breisgau am 21. Juli 1946. Die allerersten Förderer des Motorsports in Deutschland waren Soldaten der Besatzungsmächte. Nach und nach ließen sie bei ihren internen Veranstaltungen auch deutsche Teilnehmer zu.

Rallyes waren in dem schnell anwachsenden Treiben eher die stille Seite der Rennerei. Erst 1953 gab es zum ersten Mal eine Europameisterschaft der Tourenwagen. Damit war die spätere Rallye-Europameisterschaft gemeint, Tourenwagen fuhren auf Rundstrecken vereinzelt erst ab 1956. 1957 hieß das Rallye-Championat dann „Internationale Rallyemeisterschaft". Zu Weltmeisterschaftsehren brachte es die Rallyeszene gar erst 1973. Da hatten sich Rallyes schon zu Hochgeschwindigkeitsveranstaltungen entwickelt, die allein auf Sonderprüfungen im Kampf um Sekunden entschieden wurden. 20 Jahre zuvor war das noch ganz anders. Die sternförmige Anfahrt, wie sie sich bis heute bei der Rallye Monte Carlo bewahrt hat, war weit verbreitet. Es kam darauf an, eine vorgegebene Durchschittsgeschwindigkeit zu fahren, es ging nicht darum, unter allen Umständen der Schnellste zu sein. Richard von Frankenberg, als Rennfahrer und Journalist in den fünfziger und sechziger Jahren bekannt geworden, stellte in einem Bericht zur französischen Rallye Charbonnières 1953 verwundert fest: „... Auf zwei besonders schwierigen Etappen, eine bei Tag, eine bei Nacht, wurde die Zeit nicht in Minuten, sondern in Sekunden

Es ist vollbracht: Rainer Günzler, Karl Kling und der 190 D haben gewonnen.

gemessen, weil hier sehr viele Teilnehmer den Schnitt nicht schafften..." („Das Auto Motor und Sport", 7/53). Eine Rallye in dieser Zeit vermischte zwar durchaus die Elemente der Zuverlässigkeitsfahrt mit denen einer Hochgeschwindigkeitsprüfung, aber eindeutig noch mit stärkerer Berücksichtigung der eher langsamen Zuverlässigkeitsfahrt. Es gab Regelmäßigkeitskontrollen, Beschleunigungs- und Bremsprüfungen, aber auch, späteren Sonderprüfungen schon sehr ähnlich, Bergwertungen. Noch bei der Rallye Monte Carlo 1955 waren, wie ein Foto dieser Veranstaltung verrät, die Strecken der Bergprüfungen nicht abgesperrt, andere Verkehrsteilnehmer mußten beachtet werden. Das brachte nicht nur Gefahr, sondern konnte wertvolle Zeit kosten. Solches Fahren hatte zweifellos den Vorteil, daß auch kleinere und schwächere Fahrzeuge mit Siegchancen antraten. Speziell vorbereitete Rallyeversionen von Serienwagen, erst recht ausschließlich für den Sport geschaffene Kleinserien, waren noch völlig unbekannt. Sie prägten erst den Rallyesport ab den siebziger Jahren. 1955 waren zwar schon Spezialtourenwagen zugelassen. Sie unterschieden sich von den serienmäßigen Tourenwagen aber nur durch geringe Eingriffe in die Motorentechnik und die Wagenausrüstung, zum Beispiel bei den Reifen. Außerdem durfte das Gewicht reduziert werden, wenn auch nur in geringem Maße. In der Regel blieb es dabei, Teppiche und Verkleidungen zu entfernen. Die Klasseneinteilung berücksichtigte analog zum damaligen Angebot auf dem Markt stark die Kleinwagen, es gab bis 1000 Kubikzentimeter vier verschiedene Klassen (bis 350, 500, 750 und 1000 ccm), außerdem bis 1300, 1600, 2000, 2600, 3500 ccm und darüber. Außer den Tourenwagen nahmen an den Rallyewettbewerben schnelle Autos der Kategorien GT und Spezial-GT teil. Der bekannteste Wagen aus deutscher Produktion war dabei der berühmte Porsche 356. Die GT-Kategorie war die einzige der drei nach dem Krieg vertretenen, die Rallyes und Rundstreckenrennen bestritt. Folgerichtig gab es in Deutschland eine „gemischte" nationale Meisterschaft: Zur „Deutschen Wagenmeisterschaft" zählten sowohl Rundstreckenrennen als auch Rallyes, ausgeschrieben war das Championat allerdings nur für GT-Fahrzeuge und Sportwagen, Tourenwagen auf der Rundstrecke konnte man sich 1953 noch nicht vorstellen.

Obwohl all das für den neuen Mercedes 180 keine schlechten Voraussetzungen im Motorsport waren,

S-HM 627

Vor der Startlinie wartet Karl Kling auf die Weiterfahrt.

dachte niemand in Untertürkheim daran, sich mit den Limousinen aktiv zu beteiligen. Die motorsportliche Betätigung des Hauses galt den Sportwagen, die Formel-1-Wagen waren in Vorbereitung, was sollten da Tourenwagen bei Rallyes zählen? Sportlich ambitionierte Kunden standen vor einer anderen Situation. Vom Fahrwerk her war der 180 nicht ungeeignet, auf besonders hohe PS-Leistungen kam es nicht an, warum also nicht? Freilich sollte sich ein kurzes Warten auf den 220 auszahlen.

Privatfahrer hatten sich die Mercedes-Limousinen schon vor der Einführung des 180 und des neuen 220 als Sportinstrument auserkoren. Für das Jahr 1954 weist die Sportbilanz des Werkes die stattliche Zahl von 124 Gold-, 58 Silber- und 37 Bronzeplaketten aus. Wie großzügig auch immer die Auszeichnungen verteilt wurden – 124 Goldplaketten waren nicht gleichbedeutend mit 124 Klassensiegen –, es teilten sich immerhin 116 Aktive, darunter sieben Frauen, die Erfolge. Es ist zu vermuten, daß noch etliche Wagen vom Typ 170 und vom alten 220 im Einsatz waren, auch sind die Erfolge mit dem Sportwagen 300 SL in Sport- und in Straßenversion mitgezählt. Eine Aufschlüsselung nach Typen nimmt die werksinterne Sportauswertung für dieses Jahr noch nicht vor, wie überhaupt die offiziellen Unterlagen im sonst so reichhaltig bestückten Untertürkheimer Archiv hier nicht sehr ausführlich sind. Die Dokumente erwekken den Eindruck, als hätte man seinerzeit die Aktivitäten der Privatfahrer auf den Tourenwagen sehr distanziert beobachtet. Nur ganz langsam sollte sich das in den kommenden Jahren ändern. 1954 galt die Aufmerksamkeit verständlicherweise einem motorsportlichen Großereignis: Beim Großen Preis von Frankreich am 4. Juli begann Mercedes seine kurze, unvergleichlich erfolgreiche Beteiligung an der Formel 1.

Vorhergehende Doppelseite:
Rallye-Service durch den Chef: Karl Kling reinigt den 190 D bei der Rallye Algier – Kapstadt.

1955 waren schon 131 Rennfahrer und sicher auch die schon erwähnten Rennfahrerinnen unterwegs mit dem Stern. Der 220a taucht in den Siegerlisten auf, auch bei prominenten Veranstaltungen. Hans Gerdom aus Kassel, der Stuttgarter Walter Schock – er wird von da an einige Jahre Mercedes-Sportgeschichte schreiben – belegten die Plätze drei und fünf im Gesamtklassement der Rallye Monte Carlo. Das Siegerauto war ein Sunbeam 2,3-Liter-Sportwagen – natürlich als GT eingestuft –, auf den zweiten Platz kam ein kleiner Panhard. Bei anderen Rallyes konnte sich ein Fiat 1100 TV zwischen schnellen Lancia Aurelia GT plazieren oder es kam sogar vor, daß, wie 1955 bei der Rallye Nürburgring, zwei DKW-Sonderklasse den Gesamtsieg unter sich ausmachten. Das Teilnehmerfeld war bunt gemischt, die Siegchancen breit verteilt. Übrigens eignete sich der 300 SL in Straßenversion sehr gut für Rallyeveranstaltungen, unter anderem gewann ein solches Coupé mit dem Holländer Tak am Steuer die Tulpenrallye 1955. Werner Engel aus Hamburg entschied bei derselben Veranstaltung mit einem 220a die Klasse bis 2600 ccm für sich. Alle Mercedes-Piloten zusammen errangen an Auszeichnungen 107 Gold-, 61 Silber- und 38 Bronzeplaketten. Engel konnte am Jahresende sogar die Europameisterschaft feiern, errungen zum Teil auf dem 220a und zum Teil auf dem 300 SL. Mit letzterem gewann er die Adria-Rallye und wurde bei der berühmten Fernfahrt Lüttich–Rom–Lüttich Vierter hinter Olivier Gendebien (Mercedes 300 SL), einer Besatzung auf Salmson und einer auf Lancia. Außerdem ging ein nationaler Titel an den Hamburger, nämlich der ONS-Langstreckenpokal. Die Rallye quasi vor den Werkstoren konnte Mercedes dagegen in jenem Jahr nicht gewinnen. Bei der sehr populären Rallye Solitude wurde das Team Berner/Berner vor Schock/Moll nur Zweiter. Das Siegerauto stellte Alfa Romeo.

Daß neben dem für die damaligen Rallyes sicherlich recht brauchbaren 220a auch der 180 Diesel zu sportlichem Lorbeer kam, überrascht aus heutiger Sicht. In der Tat gab es bei vielen Veranstaltungen eigene Dieselklassen, und die immer noch verbreitete Handicap-Wertung – Pluspunkte von der Zeitnahme für die Langsamen – machte sogar Gesamtsiege möglich. So geschehen bei der Rallye Bad Neuenahr durch Sauerbrei/Johnen im Jahre 1955. Auf dem Nürburgring gab es bei der Rheinlandfahrt, einer Gleichmäßigkeitsprüfung, im selben Jahr Diesel-Klassensiege für Mercedes. Weit wichtiger als diese beiden Diesel-Erfolge dürfte ein weiterer für

Entspannter Sieger: Karl Kling nach dem Sieg der Rallye Algier–Kapstadt.

das Werk gewesen sein. Die ersten drei Plätze der Dieselwertung im Rahmen der berühmten Mille Miglia in Italien gingen an Mercedes 180 D (Retter/Karcher, Reinhard/Winenski, Masera/Cardinali) vor dem ersten Fiat. Fiat war einer der wenigen Konkurrenten auf dem Dieselmarkt, da machte dieser Erfolg im motorsportbegeisterten Italien durchaus etwas her. Die Diesel liefen besser als erwartet, auch besser, als es ein Motorsportexperte und Mercedes-Kenner für möglich gehalten hatte: Der allgewaltige Mercedes-Rennleiter Alfred Neubauer, in Italien an sich zuständig für den Einsatz der Sportwagen SLR und somit auch für deren Doppelsieg (Stirling Moss/Dennis Jenkinson vor Juan Manuel Fangio) verlor eine Wette um acht Flaschen Sekt, weil er dem schnellsten Diesel nicht einen Durchschnitt von mehr als 90 km/h zugetraut hatte. Tatsächlich schaffte der Sieger 94,65 km/h.

Fast hätte es im Jahre 1956 den ersten Monte-Sieg für Mercedes gegeben. Nur ganze 1,1 Sekunden, gleichbedeutend mit sechs Strafpunkten, waren die Deutschen langsamer als die siegreichen Engländer Adams/Bigger auf ihrem Jaguar. Das schnelle Mercedes-Team bildete wieder Walter Schock zusammen mit seinem bewährten Beifahrer Rolf Moll. Die Beifahrer damaliger Rallyes setzten sich gelegentlich noch selbst ans Steuer, die Aufgabe des Lotsens beschäftigte sie noch nicht in dem Maß wie ihre Nachfolger bei späteren Rallyes. Mit dem Monte-Carlo-Erfolg würde es noch bis 1960 dauern, einen großen Sieg hefteten die beiden aber schon 1956 bei der Rallye Akropolis an ihre Fahnen. Am Ende der Saison waren sie Europameister. Somit ging dieser – seinerzeit allerdings noch nicht so sehr beachtete – Titel zum zweiten Mal in Folge an die Marke Daimler-Benz. In diesem Jahr fuhren die beiden erstmals mit einem vom Werk gestellten Auto, es handelte sich übrigens um einen Dienstwagen, der bis dahin dem Rennfahrer Hans Herrmann zur Verfügung gestanden hatte. Zuvor hatten sie ihre Wettbewerbe mit dem Geschäftswagen von Walter Schock bestritten. Dasselbe Auto für die Fahrt zum Theater und für die Rallye zu benutzen, war damals noch kein platter Werbespruch, sondern alltäglich. Viel wurde eben an den Einsatzfahrzeugen nicht getan. Ein Protokoll belegt, was zur Vorbereitung der Rallye Monte Carlo 1956 an dem Wagen geändert wurde: 300-Watt-Lichtmaschine, eine Ersatzzündspule, die durch Umstecken des Kabels angeschlossen werden kann, eine elektrische Benzinpumpe, außerdem Handsuchlampe, zwei Nebelscheinwerfer, zwei Tiefstrahler, Lichthupe, ein verstärktes Horn und ein Zusatzgebläse für die Scheibenentfrostung kamen in das Auto. Auch ein Radio fehlte nicht, es diente allerdings nur zum Abhören des Streckenfunks. Das Protokoll enthält einen interessanten Hinweis: „Ausbau der Zweivergaseranlage und Rückgabe derselben an Herrn Prof. Hoffmann bzw. Herrn Meiser, Versuch". Offensichtlich hatte der 220 S zum Training der Rallye die Vergaseranlage erhalten, die ab 1959 im Nachfolgemodell zum Standard gehörte.

In das Jahr 1956 fällt eine europäische Premiere: Im belgischen Spa-Francorchamps startete das erste Rennen für Tourenwagen auf der Rundstrecke. Mercedes war dabei, der Privatfahrer Bauer belegte auf dem 220 den zweiten Platz.

Im folgenden Jahr war die Ausbeute der Mercedes-Piloten bescheidener. Zwar vermeldete die Werkschronik 60 Siege, sie gingen aber vorrangig auf das Konto des 300 SL. Gute Plazierungen erarbeiteten sich wiederum die unermüdlichen Dieselfahrer, eingesetzt wurde jetzt auch der 190. Paulin/Semmler gewannen mit ihm die Rallye Garmisch-Partenkirchen. Die Zahlen machen es deutlich, es war an der Zeit, sich grundsätzlich Gedanken um den Tourenwagensport unter dem Mercedes-

Platz dem Mercedes: Afrika-Rallye aus Sicht des Beifahrers.

stern zu machen. In einer ausführlichen Betrachtung, adressiert an Professor Dr. Nallinger, im Vorstand für Konstruktion und Entwicklung verantwortlich, zeigte Ex-Rennleiter Dr. Alfred Neubauer die Situation klar auf. Für reine Serienwagen sah er die Felle davonschwimmen. Möglichkeiten böten sich aber in der 1957 eingeführten Kategorie der Spezialtourenwagen. Hier hätte Neubauer gern den Wettbewerbslimousinen eine Einspritzanlage eingepflanzt, kombiniert mit einem Fünfgang-Getriebe. „Dabei wäre es vorteilhaft, nicht unseren Typ 220 S einer solchen Weiterentwicklung in sportlichem Sinne zu unterziehen, sondern unseren Typ 219, dem schon heute von Sportfahrern wegen seines geringeren Gewichtes und seines kürzeren Radstandes der Vorzug eingeräumt wird." Gern hätte der alte Fuchs Neubauer das Zepter wieder in die Hand genommen. Zum Schluß seiner Betrachtung sprach er sich für einen künftigen werksseitigen Einsatz mit Tourenwagen aus. Als es jedoch im Jahre 1960 so weit war, leitete Karl Kling die Einsätze. Der einst sehr erfolgreiche Sportwagen- und Formel-1-Fahrer hatte schon in der Zeit seit 1955 mit der Leitung der Abteilung zur Betreuung der Privatfahrer Kontakt zum aktiven Sport gehalten. In der Tat traten 1960 die Einspritzer an, Basis war aber die neue Baureihe ab 1959.

Die meisten Siege des Jahres 1958 gingen wiederum auf das Konto der 180 D. Allerdings war die Dieselwertung nur noch national ausgeschrieben. Vier Gesamtsiege holten die Dieselfahrer, einen gab es auch für den 190. Neun Klassensiege mit dem 219 und noch einmal vier für den 220 S gehörten zu dieser Bilanz. Für den 220 S ging die sportliche Laufbahn allmählich zu Ende, bei der Rallye Monte Carlo – den Siegerwagen stellte Citroën – kamen Schock/Moll nur noch auf Platz 25.

Die Zeit der Ponton-Modelle auf den Rallyepisten war abgelaufen, mit einer Ausnahme: Fahrten quer durch Afrika und ähnliche Streckenführungen anderswo boten immer noch Siegchancen und ließen sich zudem vor Ort sehr gut vermarkten. So kam es, daß die größten Sporterfolge der ganzen Reihe sich gegen Ende ihrer Bauzeit einstellten.

Die kurze, um so bemerkenswertere Episode begann mit einem Überraschungserfolg. Karl Kling, im Jahre 1959 noch auf dem Posten des Betreuers der Privatfahrer und deshalb noch nicht so eingespannt wie später, hatte sich mit dem Rundfunkreporter Rainer Günzler nach Algier aufgemacht, um sich die Rallye Mittelmeer-Kapstadt anzusehen. Ein Pressetext erzählt dazu die Geschichte, daß sich aus dem Zuschauen spontan der Entschluß zur Teilnahme entwickelt hätte. Gekommen waren die beiden mit einem 190 D, also gingen sie mit ihm an den Start. Ob dies eine nette Legende der Presseabteilung war oder die reine Wahrheit, spielt rückblickend keine Rolle mehr. Wichtig ist dagegen, daß der Diesel sämtliche größeren und dank Benzinmotor schneller laufenden Fahrzeuge der Konkurrenz abhängte. Klings überragendes fahrerisches Können und seine Erfahrungen werden an diesem Erfolg einen großen Anteil haben, eine Leistung war es aber auch für das Fahrzeug. Keinesfalls war es eine langsame Rallye, bei der es sich gelohnt hätte, auf Ankommen zu fahren, weil viele Konkurrenten ausfallen würden. Der Durchschnitt der 14 045 Kilometer durch Wüste, Steppe und Urwald lag bei beachtlichen 80,6 km/h. Zweiter wurde kein Geringerer als der Langstreckenspezialist Olivier Gendebien mit dem Citroën ID 19. Beides war eine Topbesetzung, der Citroën war als Rallyeauto auf der Höhe der Zeit – als Fahrzeug im Straßenverkehr seiner Zeit sogar weit voraus – und beherrschte die Szene, seit die Mercedes bei den klassischen Veranstaltungen keine Chance mehr hatten. Erst der 220 SE würde die Citroën ab 1960 in dieser Rolle wieder ablösen. Daß ein Land Rover auf Platz drei und ein Volkswagen Käfer auf Platz vier kam, kennzeichnet die besonderen Anforderungen dieser Rallye. Was waren das für Zeiten: „Der 190 D überstand die über 14 000 km lange Afrikafahrt ohne Reparatur und ohne Reifenwechsel in einwandfreiem Zustand", schrieb der Pressetext. Was waren das auch für Autos! Zwanzig Jahre später blieb bei Afrika-Rallyes selbst ein Mercedes nicht von der Auswechselung ganzer Hinterachsen und Getriebe verschont.

Im selben Jahr erhielten Werbeabteilung und Pressestelle in Untertürkheim noch eine gute Nachricht zur sofortigen Verbreitung. Bill Fritschy brachte einen der 63 Wagen an den Start der 7. Coronation Safari der Royal East African Automobile Association in Nairobi. Später hieß diese Veranstaltung einfach East African Safari und wurde zu einer der berühmtesten Rallyes der Welt. 1959 war es noch nicht so weit, einen äußerst harten Wettbewerb stellte sie aber auch seinerzeit schon dar. Sieger Fritschy kam wiederum ohne Schramme durch und ohne auf den 3200 Meilen Wasser und Öl nachzufüllen.

Andere Mercedes machten allerdings doch Probleme, bei dem 220 einer Mannschaft aus Madagaskar gab es einen kapitalen Hinterachsschaden nach einem Unfall, bei einer anderen erhebliche Probleme mit den Bremsen, ein weiteres Team schied nach Überschlag aus. Der Bremsschaden beschäftigte danach die Techniker im Werk. Das Ergebnis der internen Untersuchung: Es waren Räder mit einem Durchmesser von 15 Zoll statt der serienmäßigen 13 Zoll verwendet worden, dadurch erhielten die Trommeln nicht ausreichend Kühlluft durch die zur Eigenkühlung angebrachten Rippen. Nach Meinung des Chefinspektors führte der Einsatz der 15-Zoll-Räder nicht nur zum Bremsdefekt, sondern brachte auch beim Fahrverhalten keinerlei Vorteile.

Ein Jahr später standen in Nairobi vier vom Werk unterstützte 190 und ein 219 am Start. Es war der letzte große Einsatz der Ponton-Sportler und er endete wieder mit einem Sieg von Bill Fritschy. Da aber der 220 SE schon der Öffentlichkeit präsentiert worden war, meldete die örtliche Niederlassung den 219 als Privatwagen, „obwohl der 219 unsere volle Unterstützung hatte und auch von uns bezahlt worden war", wie es in einem Bericht an die Konzernleitung heißt.

Undichtigkeiten an der Hinterachse begegnete man jetzt mit einer nachträglich montierten Auffüllvorrichtung. Sorgen bereiteten diesmal die Kupplungen und die Auspuffanlagen. Der Gesamtsieg sprang trotzdem heraus für Fritschy/Ellis im 219, die vier 190 holten sich den Teampreis. Ein ehrenvoller Rückzug von der Bühne des Motorsports.

Willkommene Werbung mit den Rennerfolgen: eine Broschüre aus dem Jahre 1964.

Das Werk

Im Werk Sindelfingen sah es 1945 so aus wie in fast jedem deutschen Industrieunternehmen: Trümmer bedeckten das ganze Areal, die ersten Aufräumarbeiten überhaupt bestanden darin, eine Schneise in die riesige Schutthalde zu schlagen und so die einstigen Werkstraßen wieder begehbar zu machen.

Das geschah größtenteils in Handarbeit, denn schweres Räumgerät war natürlich ebenso rar wie alle anderen Maschinen. 93 300 Quadratmeter des 122 100 Quadratmeter großen Werksgeländes waren zerstört, von 1551 Maschinen waren nur noch 731 vorhanden, meist nicht in allerbestem Zustand.

Der 220 im Verwindungstest.

Aufopferungsvoll gingen die zurückgekehrten Mercedes-Werker an die Arbeit. Die Probleme waren unvorstellbar, gemessen am Arbeitsalltag späterer Jahrzehnte. Eine Werkschronik berichtet anschaulich, wie die Küche in der Sorge, die Belegschaft nicht satt zu bekommen, ein 50 Hektar großes Freigelände innerhalb des Werkes als Schafweide nutzte und die Werksgärtnerei wieder aktivierte. Es war, wie anderswo auch, ein Anfang bei Null, das erste echte Mercedes-Produkt aus Sindelfingen nach dem Krieg war ein praktischer Handwagen, ganz ohne Stern. Begonnen hatten die Aktivitäten mit Reparaturen von Fahrzeugen der französischen Besatzungsarmee. Dies war auch der gern genutzte „Vorwand" gegenüber den Franzosen, überhaupt tätig werden zu dürfen. Die Aufräumungsarbeiten dauerten bis 1948.

So hart ein solcher Wiederaufbau für die, die ihn leisten müssen, auch ist, die gute Seite der Medaille leuchtet trotzdem unübersehbar: Wenn alles in Schutt und Asche liegt, fällt eine notwendige Umstrukturierung leicht. Niemand hatte um seinen im Gewohnheitsrecht verankerten Besitzstand am Arbeitsplatz zu fürchten. Soll unter anderen Umständen eine Abteilung den Betriebsstandort wechseln, stößt dies immer auf den Widerstand der Betroffenen, viel Energie fließt in das Bemühen der Einzelnen, solche Veränderungen zu verhindern. Wo aber nichts zu verlieren ist, kann man alles verändern. Jetzt war es also kein Problem, Karosseriebau und Endmontage in Sindelfingen zusammenzufassen. Bis dahin hatte die Endmontage der Fahrzeuge in Untertürkheim und Mannheim stattgefunden, die fertigen Aufbauten waren von Sindelfingen dorthin transportiert worden.

Im nachhinein erwies sich der Zusammenbruch der gesamten westdeutschen Wirtschaft als positiv. Das läßt sich deutlich ablesen an der Entwicklung der Automobilindustrie in Großbritannien und Frankreich. Vor allem England büßte mehr und mehr seine sehr gute Position ein und das vor allem deshalb, weil notwendige Neuerungen nicht rechtzeitig oder überhaupt nicht durchgeführt wurden. Zum Teil wurde die Notwendigkeit von Veränderungen gar nicht erkannt oder man ging sie eben nur zögerlich an.

Die Umstrukturierung der Werke wertete den Standort Sindelfingen innerhalb des Konzerns erheblich auf. Von nun an erblickten die Fahrzeuge in Sindelfingen das Licht der Welt, hierher kamen jene Kunden, die ihren

„Flachdachwagen" nannten die Ingenieure ihr Versuchsauto für Aerodynamiktests.

Fahrversuche unter winterlichen Bedingungen.

neuen Mercedes lieber abholten als ihn sich über die Niederlassungen ausliefern zu lassen. Hier gab es die faszinierende Werksbesichtigung mit dem Schauspiel der Endmontage in riesigen Hallen. Untertürkheim als Konzernzentrale und Werk für Motoren, Achsen und Getriebe blieb die Attraktion des Museums, Sindelfingen wurde das im Bewußtsein der Kundschaft fest verankerte große Mercedes-Werk.

Die Übergabe der Neuwagen an die Kunden fand übrigens am Anfang noch im Freien am Werkstor statt. Anfang der fünfziger Jahre nahm man dann ein erstes (damals so noch nicht bezeichnetes) Kundencenter in Betrieb, 1980 folgte eine völlig neue, stark vergrößerte Anlage. Bis zu 30 Prozent der Mercedes-Käufer kamen und kommen bis heute persönlich nach Sindelfingen, eine hohe Anzahl, die so schnell kein anderer Hersteller erreicht.

Zur Werksbesichtigung melden sich nicht nur Neuwagenkäufer, sondern auch andere Neugierige. Ein Areal bleibt ihren Blicken dabei allerdings entzogen, obwohl – besser gesagt weil – es dort höchst Interessantes zu sehen gibt. Im Entwicklungsbereich für Aufbauten und Stilistik, wie die Abteilung für Karosserieentwicklung heute heißt, würde sich schon ein Gang vorbei an den Parkplätzen lohnen, so viel mehr oder weniger getarnte Versuchsträger sind dort abgestellt oder werden gerade zu einer Testfahrt vorbereitet. Und auch wer als angemeldeter Gast des Hauses das zweite, innere Werkstor ganz in der Nähe von Haupttor 3 passieren darf, gelangt nicht bis zu den Innenhöfen, wo noch mehr Geheimnisse verborgen sind. Im berühmten Kuppelbau, von außen gut auszumachen, werden dem Vorstand und anderen leitenden Mitarbeitern Designstudien eines künftigen Modells vorgestellt, natürlich unter größter Geheimhaltung. Hier fallen die Entscheidungen für oder gegen eine Karosserielinie. Zur Faszination einer Automobilfabrik gehört auch solch eine „verbotene Stadt".

Jene Umstellung nach dem Krieg machte das Werk langfristig zum größten im Mercedes-Bereich überhaupt. Zu Beginn der neunziger Jahre waren dort mehr als 40 000 Menschen beschäftigt. 1951 waren es knapp 10 000, nachdem ein Jahr zuvor der Zweischichtbetrieb eingeführt worden war. 1952 lief der 100 000. Wagen vom Typ 170 vom Band, das erste Produktionsjubiläum von

Rang nach 1945 signalisierte die Rückkehr geregelter Arbeitsweise und nach oben zeigender Bilanzen.

Schon einmal hatte ein bestimmtes Datum die Entwicklung im Werk Sindelfingen nachhaltig beschleunigt: die Fusion von Daimler und Benz im Jahre 1926, als deren erste Folge der gesamte Karosseriebau dorthin verlegt wurde. Autos werden in Sindelfingen seit 1919 gebaut, das Werk existiert seit 1915 und spielte auch in der Fertigung von Flugmotoren eine große Rolle.

Die Geschichte einer Fabrik spiegelt immer auch die Entwicklung des technischen Fortschritts wider. So epochal wie die Einführung der Fließbandfertigung 1927 wirkte zwar in der Folgezeit kaum noch eine Änderung – am ehesten vielleicht die teilweise Abkehr von dieser Fertigungsmethode, wie sie der Konzern mit Einführung der Gruppenarbeit in den achtziger und neunziger Jahren in den Werken Bremen und Rastatt vollzog –, aber auch in die Zeit der Ponton-Modelle fallen wichtige Neuerungen im Werk Sindelfingen. Zwei Jahre nach Einführung des 180 wurde das bis dahin größte Bauprojekt in Angriff genommen: der intern „Bau 15" genannte Abschnitt, der ein neues Preßwerk und ein Montageband aufnehmen sollte. Eine Produktion der kurzen Wege war das Ziel, in der Stahlverarbeitung konnte man durchlaufend fertigen. Die neuen Pressen waren mit „eisernen Händen" ausgerüstet. Diese legten die Bleche nicht nur exakter ein als menschliche Hände, sie halfen auch, schlimme Unfälle zu verhüten. Erstmals waren zwei Pressen miteinander verbunden, das Werkstück brauchte nun bei der Arbeit nicht mehr angefaßt werden.

Das beherrschende Thema der Fertigung des 180 und der folgenden Ponton-Modelle war die Schweißtechnik. Die jetzt eingeführte selbsttragende Bauweise brachte es mit sich, daß dickere Bleche verschweißt werden mußten als bisher, maximal in einer Dicke von 2,5 Millimetern. Geschweißt werden konnte nur mit Hängezangen. Die bisher üblichen langen Schweißnähte mußten, damit sie den optischen Eindruck des Autos nicht störten, in mehrere kleine aufgeteilt werden. Die Schweißtechnik erfuhr auch in sich Fortschritte, es kamen zu dieser Zeit automatisch arbeitende Vielpunktschweißmaschinen erstmals zum Einsatz. Die Vorteile des nächsten Technologiesprungs allerdings verpaßte die Ponton-Baureihe knapp: Im Jahre 1962 wurde eine ganz neue Lackieranlage in Betrieb genommen.

Der Ponton und sein Nachfolger am Band in Sindelfingen.

Vorhergehende Doppelseite: Flexibel sollte der Kundendienst arbeiten. Dieses Gespann dürfte dennoch selten gewesen sein.

Ein wunderbar gepflegter 220 S verströmt heute wie damals unnachahmlichen Charme.

Neue Umsatzregionen

Als der neue, moderne Mercedes auf der Bildfläche erschien, hatte die westdeutsche Automobilindustrie bereits ihre Rekordfahrt angetreten. Im Jahre 1949, dem Gründungsjahr der Bundesrepublik und dem ersten vollen Jahr nach der Währungsreform, produzierten Volkswagen, Opel, Ford, Daimler-Benz und Borgward – mehr Hersteller gab es noch nicht – zusammen 103 997 Personenwagen. Volkswagen hatte daran mit 46 590 Käfern einen Löwenanteil, Mercedes steuerte 17 160 Wagen vom Typ 170 bei. Das folgende Jahr brachte eine Verdoppelung (215 490 Pkw), wobei sieben weitere Anbieter mit kleinen Stückzahlen hinzukamen. Mercedes hatte 33 906 Wagen vom 170 neu in den Verkehr gebracht. 1951 konnte der Ausstoß der nun schon betagten 170 noch einmal gesteigert werden (38 294), außerdem rollte der 220 von den Bändern (3821) und auch schon die ersten 300 (51 Stück). In den anderen Häusern hielt sich die Steigerungsrate ebenfalls in Grenzen, die Gesamtproduktion der westdeutschen Automobilindustrie hatte „nur" die Marke von 268 323 erreicht. Verunsicherungen bei der Kundschaft wegen des Koreakrieges und von der Korea-Krise heraufbeschworene Materialknappheit bremsten den Aufschwung.

An der 1952 erzielten neuen Rekordmarke von 307 345 Autos hatte Daimler-Benz dann relativ geringen Anteil: 23 447 Exemplare vom 170 steuerten Sindelfingen und Untertürkheim bei, dazu 10 343 vom 220 und 3034 vom 300. Die Umstellung des Programms war überfällig.

Der 180 und die folgenden Fahrzeuge der Baureihe eröffneten Daimler-Benz neue Perspektiven.

Das Jahr 1953 läutete mit dem 180 die neue Zeit ein.

Führendes Autoland in Europa war zu dieser Zeit Großbritannien. 448 000 Personenwagen wurden produziert, auch Frankreich übertraf mit 369 938 Einheiten die deutschen Zahlen noch deutlich. In Italien waren es nur 113 653. Zum Vergleich: Die Automobilfabriken der USA – die Umstellung von Kriegsproduktion auf die angestammten zivilen Produkte war sehr schnell erfolgt – hatten schon wieder 4 320 794 Personenwagen erreicht. In den kommenden Jahren holte die deutsche Automobilindustrie dann schnell auf. 1960 sah die Statistik ganz anders aus. Zwar hatten sich die US-Firmen auf 6 674 796 Fahrzeuge gesteigert, in Deutschland waren es aber auch schon 1 816 779 geworden, in Großbritannien dagegen nur 1 352 728, in Frankreich 1 175 301 und in Italien 595 907 Autos. Von Japan sprach 1960 in Europa und den USA noch niemand.

Auch der Export in ferne Länder – hier eine Straßenszene aus Singapur – gewann an Bedeutung.

1953

Mit dem Ausstoß von 34 975 Fahrzeugen blieb Daimler-Benz auf dem Vorjahresniveau. Die Gesamtproduktion der Branche war allerdings auf 375 534 angewachsen. Fast die Hälfte davon ging auf das Konto von VW, insgesamt tummelten sich schon 14 einheimische Abieter auf dem Markt, Importautos waren damals noch völlig bedeutungslos. Im Geschäftsbericht von Daimler-Benz wird der leichte Rückgang mit der Programmumstellung erklärt. Der 180 taucht erstmals in der Statistik auf, 4773 Stück wurden gebaut, viel zu wenig, um alle Bestellungen abzuwickeln. Im Monat liefen durchschnittlich insgesamt 2915 Fahrzeuge von den Mercedes-Bändern.

Obwohl der neue Wagen auf der damals noch im Frühjahr abgehaltenen Internationalen Automobil-Ausstellung (IAA) noch nicht gezeigt wurde, konnte der Geschäftsbericht von guten Auftragseingängen auf der Messe berichten. Die IAA markierte für Daimler-Benz neuen Aufschwung nach kurzzeitiger Stagnation. Die Belegschaft war auf 35 005 Mitarbeiter angewachsen. Von sozialpolitischer Bedeutung war damals die Beschäftigung von Heimatvertriebenen. Der Bericht vermerkt stolz, daß ihr Anteil auf 13,2 Prozent angewachsen sei (rund 4600). Auch die beschäftigten Schwer- und Minderbeschädigten wurden gezählt: 1953 waren es mehr als 2300, in erster Linie Menschen mit Verletzungen aus Kriegseinwirkungen. Die Leute hatten vielfältige Sorgen. So gehört es zu den Zeichen der Zeit, daß Daimler-Benz in den fünf Jahren seit der Währungsreform an die Belegschaft 10 Millionen DM als Darlehen und Zuschüsse für den Neubau und die Wiederinstandsetzung von Wohnungen und Eigenheimen aufwendete. „Wir haben damit einen nicht unerheblichen Beitrag zur Linderung der Wohnungsnot geleistet", heißt es im Bericht des Vorstandes.

Trotz nicht unbedingt glanzvoller Produktionszahlen in dieser Phase war 1953 kein schlechtes Jahr für Daimler-Benz: Der Reingewinn betrug 6 831 824 DM. Es war ein Start in gute Zeiten.

1954

In der Tat zog die neue Generation von Personenwagen den Konzern in neue Umsatzregionen. Erstmals wurde die Traumgrenze von einer Milliarde DM überschritten (davon rund 356 Millionen im Ausland erzielt), der Reingewinn stieg auf acht Millionen.

Im Januar war der 180 Diesel auf dem Brüsseler Salon vorgestellt worden, in Genf hatte im März der 220 Premiere gefeiert. Mit seinem neuen Programm kam der

Großes Faltschiebedach mit getöntem Windabweiser — ideale Steigerung des Fahrgenusses.

220 S mit Rechtslenkung und ungewöhnlicher Blinkeranordnung.

Links:
Die individuellen Cabrios blieben teuer und rar.

Konzern gerade recht in den konjunkturellen Aufwärtstrend. Vielfach bis zur äußersten Kapazitätsauslastung wurde in den Werken gearbeitet. Daimler-Benz konnte sich außerdem im Beifall der internationalen Fachwelt und der Presse sonnen. Neben den Volumenmodellen 180, 180 D und 220 kamen im selben Jahr sowohl 190 SL als auch 300 SL auf den Markt, zudem stellte der Konzern seinen Formel-1 vor. Juan Manuel Fangio errang mit ihm noch im selben Jahr vier Grand-Prix-Siege und wurde Weltmeister, wenn er auch einen Teil seiner Punkte noch auf Maserati eingefahren hatte. 1954 und 1955 wurden die erfolgreichsten Mercedes-Jahre im Motorsport und legten den Grundstein für ein Image, das bis in die neunziger Jahre fortwirkte.

Daimler-Benz stand endgültig in neuer Blüte. Bei einer positiven Grundstimmung im Lande ließ es sich gut produzieren, 48 816 Fahrzeuge wurden es in diesem Jahr, davon 35 838 vom Typ 180. Die durchschnittliche Monatsproduktion hatte sich auf 4068 Fahrzeuge gesteigert. Das Gesamtvolumen der westdeutschen Autoindustrie war zu diesem Zeitpunkt auf 546 652 Einheiten angewachsen. Sorgen machte allgemein die Situation auf dem Nutzfahrzeugmarkt. Als restriktiv empfundene Bundesgesetze dämpften den Verkauf von Schwerlastwagen, so daß im Mercedes-Werk Gaggenau vorübergehend kurzgearbeitet werden mußte.

Zwei kleine Sätze aus dem Kapitel „Belegschaft und sozialer Teil" des Geschäftsberichtes werfen ein bezeichnendes Licht auf die aktuellen sozialen Fragen jener Zeit: „Die Jubiläumsgaben der Lohnempfänger wurden an diejenigen der Gehaltsempfänger angeglichen." In der Statistik wurde immer noch fein zwischen Arbeitern und Angestellten unterschieden und eine Angleichung, wenn auch nur in einer Nebensache, als sozialpolitische Tat bewertet. An anderer Stelle heißt es: „Die im Krankheitsfalle gegebenen Unterstützungsbeträge sind bei gleichzeitiger Kürzung der Wartezeiten erhöht worden."

Generelle Lohnfortzahlung im Krankheitsfall als tariflich vereinbarte Leistung wurde erst 1957 eingeführt. Dafür gab es auf anderem Gebiet mehr Fürsorge als in späteren Jahren und Jahrzehnten: „Durch die Anmietung von Heimen und Pensionen auf Sylt, im Schwarzwald, im Allgäu und am Chiemsee wurde einer großen Zahl von Jubilaren und Erholungsbedürftigen ein 14tägiger Erholungsurlaub ermöglicht..."

Autos mit dem Stern gingen 1954 schon in 116 Länder, das waren 26 mehr als ein Jahr zuvor. Die Vertriebsorganisation wurde weltweit ausgebaut, eine 50prozentige Steigerung des Exportumsatzes binnen eines Jahres war die Folge.

Links:
Der 220 brachte weiteren Aufwind. Schnell fand er weltweite Verbreitung.

1955

Ein hoher Auftragsbestand beim 180 und beim 220 verhalf dem Konzern zu einem guten Start in das neue Jahr. Seit Mitte 1954 mußten sich die Kunden mit Lieferfristen abfinden. Nun wurden diese durch Rationalisierungsmaßnahmen und Kapazitätsausweitung allmählich abgebaut. Das bedeutete auch eine Aufstokkung der Belegschaft um 20 Prozent, 46 226 betrug jetzt ihre Zahl, davon 20 Prozent „Gehaltsempfänger", wie der Geschäftsbericht ausweist. Im Personenwagenbereich produzierten sie 63 683 Autos. Der 180 hatte mit 38 049 daran den größten Anteil, der 220 war mit 19 500 ebenfalls von Bedeutung. Auch 2541 Fahrzeuge vom Typ 170 sind noch aufgeführt, außerdem 1727 vom 190 SL, 999 vom 300 und 867 vom 300 SL.

1955 war ein glanzvolles Jahr für die Branche. Die – jetzt in den September verlegte – IAA brachte eine Fülle von Neuheiten, die Kleinwagenwelle rollte, immer mehr Menschen konnten sich ein Auto leisten, während für das Motorrad sich schwere Zeiten abzeichneten. Die Konjunkturkurve machte in den Wochen vor der großen Schau sogar einen kleinen Knick nach unten, ein Zeichen dafür, daß viele mit ihrer Kaufentscheidung noch bis zur IAA warteten, um sich dann endlich ihren Traum zu erfüllen. Der jährliche Ausstoß der deutschen Automobilfabriken näherte sich jetzt allmählich der Millionengrenze: 753 304 Einheiten waren es unter dem Strich, rund 50 Prozent mehr als ein Jahr zuvor.

Den allgemeinen Aufschwung des immer stärker sich auswirkenden Wirtschaftswunders spürte Daimler-Benz auch deutlich im Nutzfahrzeuggeschäft, die Produktion in den Werken Mannheim und Gaggenau wuchs um 50 Prozent auf insgesamt 29 628 Fahrzeuge. All das schlug sich günstig in den Abschlußzahlen nieder. Der Gesamtumsatz kletterte auf 1,4 Milliarden, knapp eine Milliarde wurde im Inland erzielt. Der Reingewinn war bei knapp 9 Millionen angelangt.

1956

Sorgenfrei war das Leben der Automobilmanager trotz der guten Konjunktur keineswegs. Für das Jahr 1956 hält der Geschäftsbericht erstmals ein Problem fest, das den Konzern von da an begleiten wird: die Kostensituation hatte sich ungünstig entwickelt. Während die Verkaufspreise der Autos seit 1950 sogar leicht gesunken waren, machten sich nun stark anziehende Preise für die Rohmaterialien bemerkbar. Der Bericht weist vorsorglich darauf hin, daß das dauernde Ansteigen der Personal- und sonstigen Kosten bei verkürzter Arbeitszeit auf die Dauer nicht allein durch Rationalisierungsmaßnahmen aufgefangen werden könnte. Die Wochenarbeitszeit betrug damals im Schnitt

Aus einem Werbeprospekt der 50er Jahre:

Übrigens, wissen Sie eigentlich, wie einfach das Starten beim 180 D ist? Sie brauchen nur den Startschalter, der rechts neben der Lenksäule sitzt, auf »1« zu stellen. Sobald der Glühüberwacher am Armaturenbrett aufleuchtet, drehen Sie den Schalter einfach auf Stellung »2« weiter – und schon springt der Motor zu jeder Jahreszeit zuverlässig an. Das ist das ganze »Geheimnis« des Startens beim Mercedes-Benz Typ 180 D.

STOP 0 1 2

44 Stunden, erst zum 1. Januar 1962 wurde sie auf 42,5 reduziert.

Immer wichtiger wurde der Export. In 127 Länder rollten nagelneue Mercedes, obwohl dem Werk die hohen Investitionen für die Errichtung neuer Niederlassungen im Ausland schwerfielen. Der Geschäftsbericht bemängelte ungünstige Kreditbedingungen und forderte langfristige und billige Kredite. Denn: „Eine kontinuierliche Beschäftigung in unseren Werken ist nur bei Aufrechterhaltung eines angemessenen Exports möglich." Zum ersten Mal nach Jahren, noch mitten in die steile Aufwärtsentwicklung hinein, vernehmen die Aktionäre sorgenvolle Töne.

Dennoch operiert das Werk auch 1956 mit Preissenkungen. Der 180 D wurde in zwei Stufen um 850 DM billiger, das entsprach dem Monatslohn eines gut gestellten Akademikers. Käufern des 180 wurden ab Mai 1956 immerhin 750 DM erlassen.

Bei der Zahl 69 601 Personenwagen blieben zum Jahresende die Bänder stehen. In der Klasse der Autos über 7000 DM verfügte Daimler-Benz jetzt über einen stolzen Marktanteil von 59 Prozent. Grund zum Feiern gab es außerdem im August: Der 100 000. Wagen vom Typ 180 war fertig geworden. Die deutsche Automobilindustrie steigerte ihren Ausstoß auf 861 604 Einheiten. Gigant Volkswagen hat es zu dieser Zeit schon auf 333 190 Käfer gebracht, den ganzen Rest teilten sich 17 Firmen, wobei Daimler-Benz, Dritter in der Rangliste, mehr Autos auf die Räder stellte als Ford. Der zweite Platz war Opel schon damals nicht streitig zu machen.

1957

Letztmalig blieb die deutsche Autoproduktion unter einer Million: 986 366 Fahrzeuge weist die Bilanz aus. Die Zuwachsrate war nicht mehr so groß, aber immerhin hatte die Bundesrepublik damit die Größenordnung der britischen und französischen Automobilindustrie erreicht. Marktführer Volkswagen verbuchte für sich 380 561 Wagen, Opel folgte mit 212 018, dahinter dann Daimler-Benz mit dem neuen Rekord von 80 899. Damit hatten die Werke Sindelfingen und Untertürkheim einen Monatsschnitt von 6742 Personenwagen erreicht. Auffallend für dieses Jahr war der starke Zuwachs beim 220, während die Zahlen des Hauptkonkurrenten Opel Kapitän um rund 30 Prozent zurückgingen und nur noch knapp über denen des 220 lagen. 25 030 Fahrzeuge vom Typ 219/220 wurden produziert, 25 910 vom Typ 190, und vom 180 waren es 28 916. Die ganze Baureihe stand noch in voller Blüte. Obwohl sich die Konjunktur in Westeuropa insgesamt abschwächte, hatte Daimler-Benz mit langen Lieferfristen zu kämpfen. Auf dem heimischen Markt nämlich war die Situation relativ am besten.

Problematisch für die Arbeitgeber war der Arbeitsmarkt. Ein Mangel an Facharbeitern machte ihnen zu schaffen. Die Attraktivität des Sterns reichte aber aus, daß Daimler-Benz seinen Bedarf decken konnte, wenn auch in immer größerem Maße neu eingestellte Mitarbeiter angelernt werden mußten. 53 585 waren in den Werken und Niederlassungen beschäftigt. Vier Jahre zuvor waren es nur 35 073 gewesen. Der Umsatz hatte sich seitdem verdoppelt, 1,7 Milliarden DM im Jahre 1957. Als Reingewinn verbuchte man 8,6 Millionen, gegenüber den 6,8 Millionen von 1953 nur eine relativ geringe Steigerung. Allerdings müssen bei solchen Zahlen die Investitionen berücksichtigt werden.

1958

Einen kräftigen Schub beim Reingewinn brachte dann das Jahr 1958: 12,9 Millionen, ein Jahr später waren es gar 21,6 Millionen DM. Wiederum 30 Jahre danach übrigens erreichte der dann so gründlich gewandelte Gesamtkonzern einen Reingewinn von 560 Millionen DM. So haben sich die Zeiten und die Zahlen geändert: 1989 war der Reingewinn um das 25fache höher. Das ist eindrucksvoll, selbst wenn man die Geldentwertung einrechnet.

Auch das Jahr 1958 stand bei Daimler-Benz im Zeichen umfangreicher Investitionen in den Werken. 63 Millionen flossen nach Untertürkheim und 25,8 nach Sindelfingen. Ziel war die Anhebung des monatlichen Ausstoßes auf 9000 Einheiten. Ganz erreicht wurde die Zahl in jenem Jahr noch nicht, die Statistik blieb bei 8267 Fahrzeugen stehen. Die Personenwagenproduktion verpaßte knapp die 100 000-Marke, gebaut wurden exakt 99 209 Mercedes. Die mit den Investitionen verbundenen Rationalisierungsmaßnahmen machten sogar noch einmal eine Preissenkung möglich: 250 DM beim 180 D. Zusammen mit dem Benziner verbuchte er wieder den größten Anteil für sich: 42 660 Stück. Der größte Teil der Steigerung ging damit auf das Konto des billigsten Mercedes. Die Aktionäre freuten sich über einen Gesamtumsatz von 2,1 Milliarden und den genannten Reingewinn von 12,9 Millionen D-Mark.

Das Wirtschaftswachstum setzte sich fort in der Bundesrepublik, die Produktionszahlen der Automobilindustrie stiegen unaufhörlich. Mit einem großen Schritt war die Millionengrenze inzwischen überwunden, 1 249 356 Personenwagen liefen von den Bändern. Ford verdrängte in jenem Jahr Daimler-Benz von Platz drei der Produktionsstatistik. Übrigens baute BMW, in den achtziger und neunziger Jahren der wichtigste Konkurrent von Mercedes, 1958 nur rund 50 000

Rechts:
Schiffsverladung war Ende der fünfziger Jahre noch recht umständlich.

Zweifarbig wirkt das Coupé besonders schön, nicht nur im Prospekt.

Original und Modell machen eine gute Figur.

Deckblatt eines seltenen Spezialprospektes zu Einsatzwagen des 220 S.

Auch dieses Plakat der IG Ponton bedient sich einer 220er-Frontansicht als attraktives Motiv.

A 120·705

A 91 617
84989

Autos, davon nur knapp 2000 in der Oberklasse, den großen Rest brachten die Kleinwagen Isetta und BMW 600 auf. Es sagt viel über die Kräfteverhältnisse auf dem deutschen Markt, daß im Dezember 1959 Daimler-Benz um ein Haar die Münchener Firma übernommen hätte. Allein eine dramatische Aktionärsversammlung von BMW verhinderte dies. In anderen Fällen kam es dagegen in dieser Zeit zu Fusionen und Übernahmen. Trotz des schönen Wachstums war bald nicht mehr zu übersehen, daß sich zu viele nicht überlebensfähige Firmen gebildet hatten. Verschwanden sie nicht von selbst wie die meisten Kleinwagenhersteller, erging es ihnen wie der Auto Union, die 1962 von der Daimler-Benz AG übernommen wurde. Die Borgward-Gruppe versank unter dubiosen Umständen im Jahre 1961, Glas kam 1966 zur wiedererstarkten BMW AG, NSU drei Jahre später zum Volkswagen-Konzern, zusammen mit der von Mercedes wieder abgetretenen Auto Union. Der Stuttgarter Konzern gewann auch durch solche Transaktionen an Bedeutung. Im Nutzfahrzeugsektor wird dies noch deutlicher, die Übernahme der bedeutenden Produktionsstätten von Hanomag-Henschel im Jahre 1969 zementierte die Position der Nummer eins auf dem Markt.

Sie war schon 1958 so gut, daß die 57 562 Mitarbeiter nicht um ihren Arbeitsplatz zu bangen brauchten. Im Prinzip brauchten sie es nicht einmal in späteren Rezessionsphasen. Noch aber waren alle Weichen auf Wachstum gestellt, die Probleme vergleichsweise gering, wie ein Auszug aus dem Geschäftsbericht 1958 zeigt: „Für die weitere Entwicklung in der Bundesrepublik ist insbesondere auf dem Pkw-Gebiet auch auf lange Sicht mit einer steigenden Nachfrage zu rechnen, wenn sich auch die Zunahme gegenüber den vergangenen Jahren verlangsamen dürfte. Um diesem Bedarf gerecht werden zu können, ist allerdings der beschleunigte Ausbau und die Verbesserung des Straßennetzes unabdingbare Voraussetzung. Es handelt sich hierbei um das dringlichste Verkehrsproblem; seine Lösung ist vor allem eine Frage der Finanzierung. Hierzu sollten wenigstens die von den Kraftfahrzeughaltern in Gestalt der verschiedenen ihnen auferlegten Abgaben aufgebrachten Mittel ungeschmälert zur Verfügung gestellt werden."

1959

Das Ende der Ponton-Zeit wurde eingeläutet mit der Vorstellung der neuen Fahrzeuggeneration W 111. Als Einheitsmodell würden die später „Heckflosse" genannten Wagen in die Geschichte von Daimler-Benz eingehen, obwohl sich der neue 220 zunächst noch sehr deutlich von den 180/190 der bisherigen Baureihe abhob. Mit dem 1961 eingeführten Nachfolger des 180/190 war das Konzept verwirklicht, allen Kunden optisch ähnliche Autos anzubieten. Das Experiment war gewiß kein Mißerfolg, es wurde aber auch nicht weitergeführt. Ab 1965 setzte man wieder auf den klaren Unterschied, mehr noch als es in der Ponton-Baureihe der Fall gewesen war. Da die neuen Modelle 1959 erst anliefen, hatten die 180/190 mit zusammen 78 507 Fahrzeugen einen Löwenanteil an der Gesamtproduktion von 108 440 Mercedes-Personenwagen. Nun also war die Marke von 100 000 Einheiten in der Jahresproduktion überschritten. Unter den 29 092 Wagen mit 220er-Signet befanden sich noch 16 871 Ponton-Modelle. Die gesamte Autoindustrie war inzwischen bei 1 438 575 produzierten Fahrzeugen angekommen. 2,4 Milliarden Umsatz brachten Daimler-Benz 21 Millionen DM an Reingewinn in die Kassen.

Links:
Das stattliche Ponton-Angebot der Modellbaufirma Revell läßt die Herzen der Sammler höher schlagen.

1960

Keine großen Sprünge, kein Risiko, sondern maßvolle und stetige Produktionssteigerung war die Strategie der Konzernleitung. Die neuen Modelle erreichten mit gut 50 000 auf Anhieb höhere Stückzahlen als es der 220-Ponton jemals geschafft hatte, insgesamt aber hatten die 180/190 die Nase immer noch vorn: 71 614 Stück liefen vom Band, nur rund 7000 weniger als ein Jahr zuvor. Auf 1 772 804 Fahrzeuge belief sich der Gesamtausstoß der deutschen Automobilindustrie. Große Sprünge machte aber im Gegensatz zur Produktion der Reingewinn mit jetzt 32 Millionen DM.

1961

Im letzten Produktionsjahr der Baureihe fanden immerhin noch 54 912 Ponton-Modelle ihre Käufer, insgesamt wurden 137 431 Mercedes abgesetzt. Bis zuletzt hatten die nun schon zwei Jahre lang in den Hintergrund gerückten 180/190 ihre gute Position im Programm behauptet und zum respektablen Umsatz von 3,6 Milliarden sowie einem Reingewinn von 37,8 Millionen DM beigetragen. In den anderen deutschen Automobilfabriken ging es ebenfalls weiter vorwärts, mehr als zwei Millionen Autos waren produziert worden, exakt 2 069 980, davon allein 838 513 bei Marktführer Volkswagen. Das Programm von Daimler-Benz war nun vollständig erneuert, der erste moderne Nachkriegswagen rollte acht Jahre nach seiner Vorstellung ins Museum.

Kleine Pracht

Des Sammlers Freuden sind vielfältig. Natürlich sammelt er, um möglichst viel von der gleichen Sache zu besitzen. Er will seine Freude an den guten Stücken haben und daran, daß die Sammlung (möglichst) komplett ist. Nicht immer muß es dabei um hohe Werte gehen, sammeln lassen sich Originalgemälde ebenso wie Bierdeckel, es macht in beiden Fällen Spaß. Oder eben Modellautos. Auf den ersten Blick ist das gar keine originelle Idee in einem Land, in dem das Auto eine so große Rolle spielt. Schließlich hat wohl jeder Junge (und manches Mädchen) die Faszination der Autominiaturen erfahren, so daß ein großer Kreis von sammelnden Erwachsenen entstehen kann. Bei den meisten Sammlern von heute sind die Modelle aus der Kindheit irgendwann dem Gesichtskreis entrückt, bis der alte Schuhkarton mit den Autos plötzlich wieder

Ein Edelmodell von Java im Maßstab 1 : 20.

Ebenfalls eine Rarität ist dieser 220 von Tipco.

vor ihnen steht. Und damit wird das Sammeln von Modellautos doch originell. Denn jeder Sammler hat eine individuell gewachsene Beziehung zum Objekt. Verknüpft mit den Erinnerungen und beflügelt von den gegenüber der Kindheit stark verbesserten finanziellen Möglichkeiten kann das Sammeln der Modellautos eine große Leidenschaft werden.

Immer wieder geht es darum, dem Idealzustand einer kompletten Sammlung möglichst nahe zu kommen. Dieses Streben kann sich auf die Marke der Modellhersteller beziehen, auf die Marke der Vorbilder oder auf Fahrzeuggattungen in groß und klein. Personenwagen, Sportwagen, Reisebusse, Zugmaschinen, deutsche, amerikanische, englische oder russische Vorbilder und Modelle, alles ist möglich. Dazu kommen noch bestimmte Maßstäbe, dieses Feld scheint wirklich grenzenlos zu sein…

Der Schuhkarton aus der Kindheit eröffnet dem Freund der kleinen Autos noch eine Variante: Am Beispiel desselben Vorbildes lassen sich die Fähigkeiten der Modellhersteller früher und heute vergleichen. Stellt man beispielsweise im Maßstab 1:87 (Halb-Null in Anlehnung an die entsprechende Spur der Modelleisenbahn) Modelle von Wiking aus dem Jahre 1958 und Brekina aus dem Jahre 1993 nebeneinander, lassen sich enorme Fortschritte in der Formenherstellung und der Kunststoffverarbeitung in 35 Jahren feststellen. Die Detailtreue der achtziger und neunziger Jahre läßt die guten alten Wikings plump erscheinen. Als Zeugnis ihrer Zeit sind sie allerdings, wie die Modelle manch anderer Hersteller in anderen Maßstäben auch, unerreicht. Der jeweilige Stand der Technik im Spielzeugwesen, der Zeitgeschmack, die als Kinderträume übermittelten Wünsche der Erwachsenen – abzulesen vor allem an zeitgenössischen Verpackungen –, das alles spiegeln die Modelle wider, die der fünfziger Jahre ebenso wie die heutigen.

Sammlern von Mercedes-Modellen stellt sich die Szene nun noch ein wenig anders dar als allen anderen. Nur sie haben nämlich unter den möglichen Vorbildern das ganze Spektrum der Automobilgeschichte, ein-

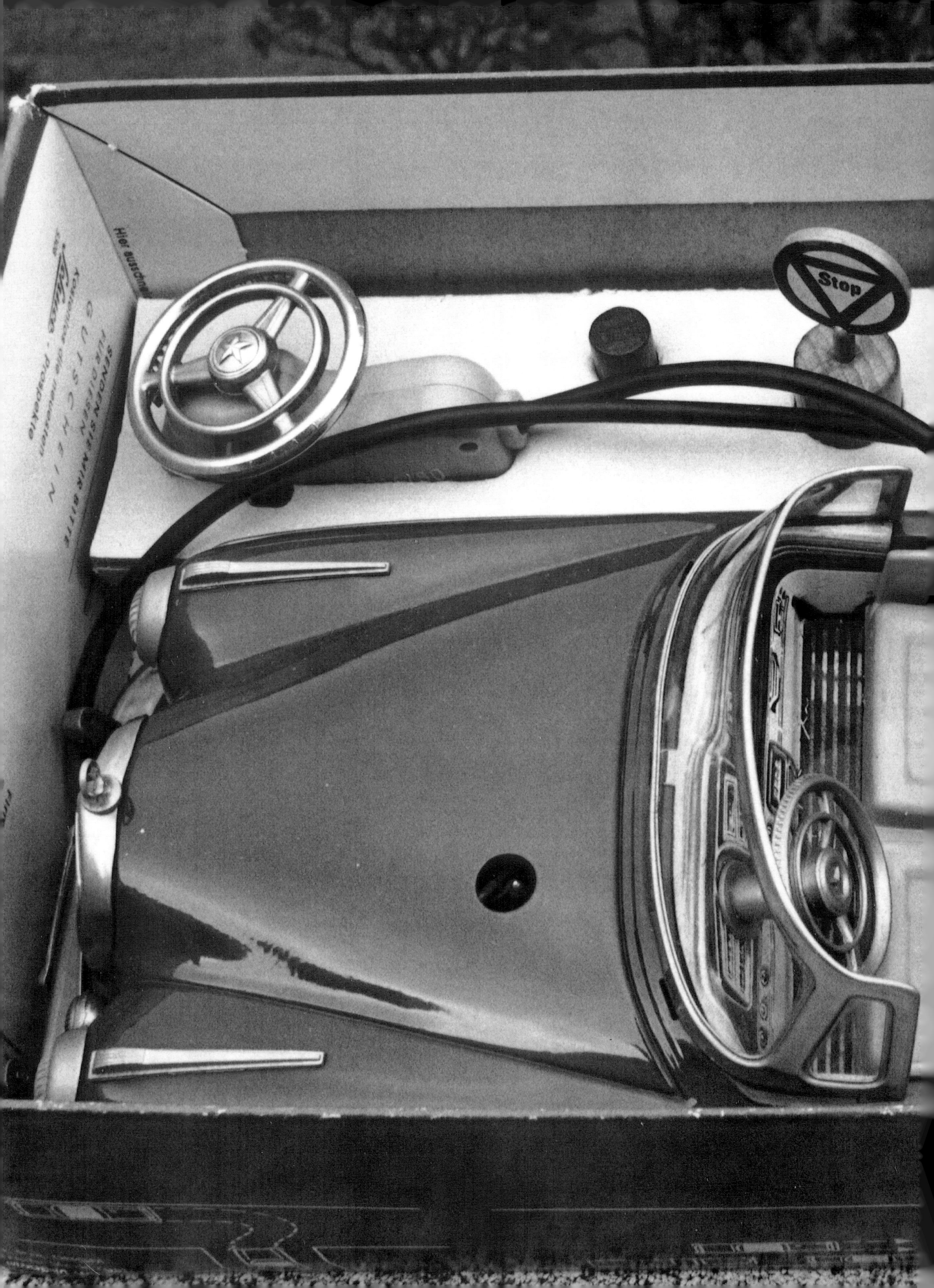
Hier ausschneiden
SENDEN SIE MIR BITTE
FÜR DIESEN
G U T S C H E I N
kostenlos die neuesten
Prospekte
Stop

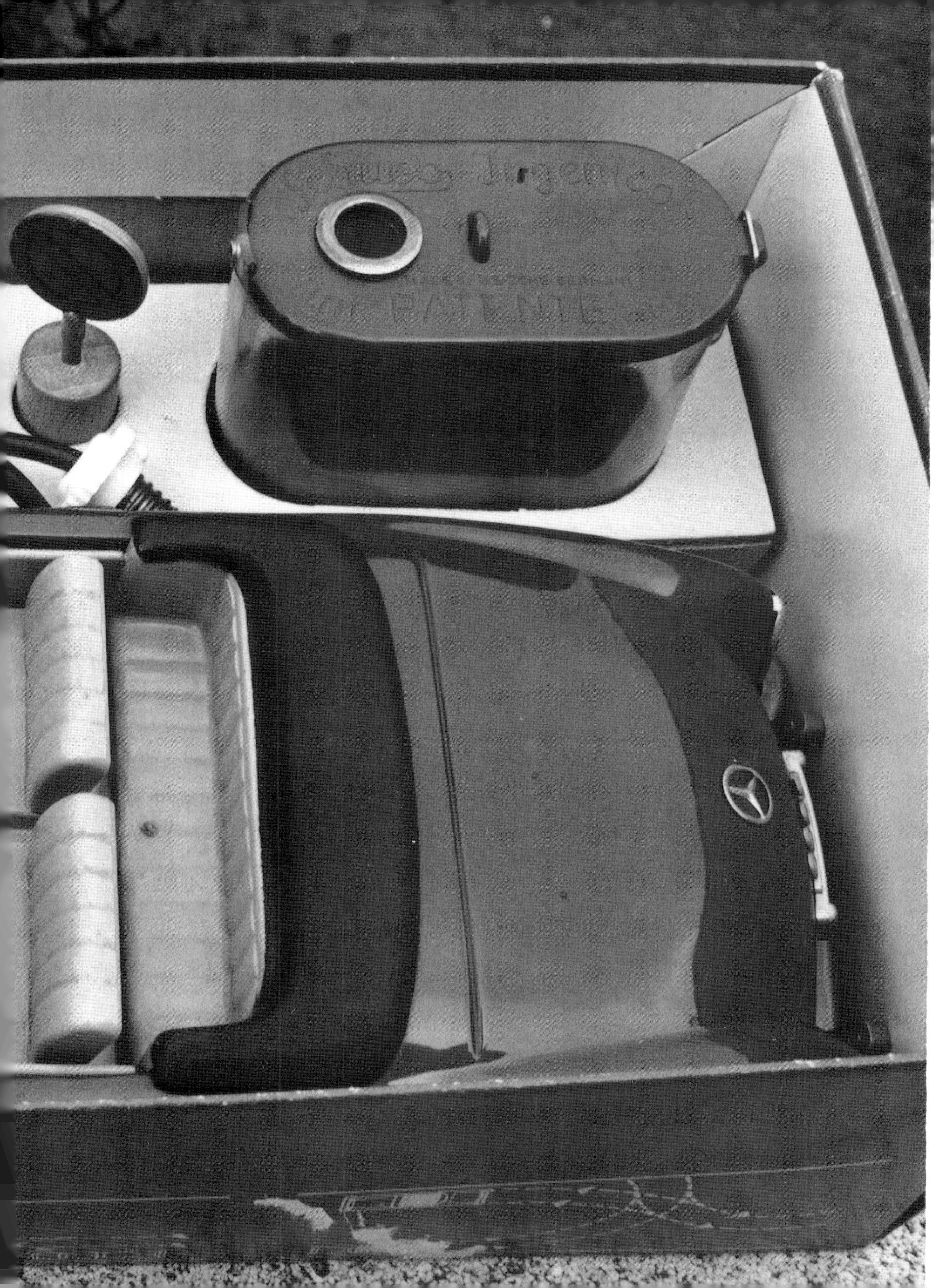
Schuco-Ingenico
PATENTE

Gute Nachbildung und Friktionsantrieb sind die Merkmale des Tipco-220.

schließlich Nutzfahrzeuge, zur Verfügung. Keine andere Marke verfügt über eine solche Vielzahl besonders faszinierender Autos. Und wer sich nur mit einer Vorbildmarke befaßt, legt ein besonderes Augenmerk auf die Frage, welche Baureihe und welche Epoche in welcher Weise von der Modellindustrie gewürdigt wurde und wird. Dem Mercedes Benz-Modellauto-Club (MBMC) mit Sitz in Stuttgart können die Themen gar nicht ausgehen, so viel gibt es zu tun, zu beachten, mitzuteilen und vor allem, zu sammeln. Eine treibende Kraft in diesem Club ist Roland Rittmann, dessen prächtige Sammlung im Jahre 1988 der Grundstock war für eine Ausstellung im Werksmuseum in Untertürkheim.

Interessanterweise haben sowohl der 180 als relativ gewöhnliches Auto wie auch die Traumwagen 220/Coupé/Cabrio ihre Nachahmer im Modell gefunden. Besondere Faszination aber dürften Coupé und Cabrio ausgeübt haben. Beim Schuco Hydrocar im Maßstab 1:20 war dies sicherlich nicht nur wegen des Vorbildes der Fall. Es ist eines der zeitgenössischen Modelle mit besonderen Finessen. Der technische Stand der Spielzeugindustrie – erwachsene Sammler hatten die Produzenten noch nicht als Zielgruppe entdeckt – hatte Ende der fünfziger Jahre auf mechanischem Gebiet einen Höhepunkt erreicht. Fortschritte im Formenbau und die Einführung der Elektronik bei ferngesteuerten Modellen folgten erst in den siebziger und achtziger Jahren. Was aber das Schuco Hydrocar bot, war in der Mechanik unerreicht. Es hatte einen Hydrowandler, der im Prinzip so funktionierte wie beim Vorbild! Zwei Scheiben und die Ölfüllung sorgten für Kraftübertragung, am Lenkrad war der Bedienungshebel angebracht. Das bildschöne Cabrio erschien zeitgleich mit dem Hydrowandler des Vorbildes. Seinerzeit war das ein höchst seltener Vorgang, ab den achtziger Jahren gehörte es zum Geschäft der Modellproduzenten, die Miniatur gleichzeitig mit dem echten Modell zu präsentieren. Früher standen die Kinder im Spielwarengeschäft träumend vor der Pakkung – Preise von um die 30 DM waren nicht für jede Familie verträglich, wenn man bedenkt, daß das Durchschnittseinkommen noch 1960 bei 700 DM im Monat lag –, heute ist es der Sammler auf der Tauschbörse.

Vorhergehende Doppelseite:
Schuco Controlcar, dank des kleinen Steuerhebels eine echte Rarität.

Ein Traum ist dieses kaum noch verfügbare Modell für viele natürlich wegen seines Preises, der einem Vielfachen des ursprünglichen entspricht. Ein Traum ist es aber auch wegen der Gestaltung und Aufmachung. Selbstverständlich gehört für den Modellspezialisten auch die viel Zeitgeist widerspiegelnde Packung dazu.

Der Name Schuco klingt für den Modellsammler wie Rolls-Royce oder Ferrari für den Sammler echter Autos. Was hat die längst versunkene Firma nicht alles auf den Markt gebracht? Das Schuco Controlcar kam mit Coupédach. Hier war der Gag eine besondere Fernlenkung. Die Batterie war separat untergebracht, der Steuerhebel wurde dadurch klein und handlich. Bis dahin hatten Steuerhebel und Batteriekasten eine Einheit gebildet. Oder der Schuco Rollfix, basierend auf demselben Modell. Es funktionierte nach dem Schwungradprinzip, die Schwungmasse wurde mit einem Seil in Rotation gebracht. Hierbei handelt es sich heute um die absolute Rarität unter den Schuco-Modellen. Mag sein, daß in der aufwendigen Technik auch das Verschwinden von Schuco als eigenständiger Firma begründet liegt (ganz verschwunden sind die Modelle nicht, einige wenige sind heute wieder im Handel unter der Regie von Gama). Keiner Marke unter den Spielzeugherstellern trauert die Gemeinde der Modellautosammler so nach wie gerade Schuco. Daß die Form den Vorbildern nicht ganz exakt nachempfunden war, stört dabei niemanden. Im Gegenteil, es dokumentiert die Entstehungszeit. Um eine authentische Inneneinrichtung mühten sich die Modellplaner seinerzeit noch kaum, es genügten oft aufgemalte Bedienungselemente oder Personen, wenn man sich überhaupt zu einer solchen Ausstattung entschloß.

Ebenfalls im Maßstab 1:20 erschien ein 220 von der spanischen Firma Java. Es ist eine besonders edle Ausführung, die Form des Vorbildes ist relativ genau getroffen. Angetrieben wurde es mit der üblichen Schwungradtechnik (Friktionsantrieb). Wer als Modellautohersteller in den späten fünfziger Jahren auf dem aktuellen Stand der Technik sein wollte, bot wahlweise Friktionsantrieb oder Fernsteuerung an, selbstverständlich über Kabel. Die heute auch nicht mehr existente deutsche Firma Tipco hatte im Maßstab 1:16 eine 220 Limousine und ein Cabrio im Angebot. Auch diese Modelle sind heute Raritäten. Die Limousine fällt besonders auf durch Zweifarblackierung und „verchromte“ Fenstereinfassungen. Dieser große Maßstab wurde relativ selten angewendet, viel beliebter war die Verkleinerung im Verhältnis 1:20, es gab aber auch Modelle in 1:18 und 1:24.

Dreiergruppe schöner Limousinen. Links ein Modell aus Frankreich, in der Mitte Banday, rechts Java.

Drei Kombis von Tekno. Basis ist der 220!

Weit verbreitet war bereits in den fünfziger und sechziger Jahren der Maßstab 1 : 43. Die unvergessenen Märklin-Modelle, aber auch Dinky Toys und Corgi Toys aus England hatten daran großen Anteil. Des Ponton-Mercedes hatte sich unter anderen die dänische Firma Tekno angenommen und sich dafür den Kombi als Vorbild ausgesucht, natürlich in Form des Krankenwagens, aber auf Basis des 220! Es gab jedoch auch eine 180-Limousine von Tekno. Im Jahre 1993 widerfuhren dem Ponton-Mercedes in diesem Maßstab überraschend neue Ehren: Faller, als qualitätsvoller „Häuslebauer" in der Modellbahnszene berühmt, vervollständigte seine noch junge Serie von Automodellen mit einem feinen 220 S in Zweifarblackierung (mittelrot/elfenbein, hellbraun/dunkelbraun) und auch einfarbig (steingrau und schwarz, übrigens alles Mercedes-Originalfarben). Es sind besonders qualitätsvolle Modelle geworden.

Die heute noch sehr aktive deutsche Firma Siku – neben den eigenen Modellen ist sie verantwortlich für Wiking und Roskopf – mischte zur Zeit des Ponton mit im Maßstab 1 : 60. Die Plastikmodelle von Siku zeichneten sich zwar noch weniger als die Blech- oder Metallguß-

Die Wiking-Parade, ganz rechts sogar mit Besetzung.

Es geht auch einfach: drei Billigmodelle.

modelle anderer Hersteller durch exakte Nachbildung aus, waren aber ebenfalls sehr beliebt und sind heute hoch gehandelte Sammlerstücke. Der 180 hatte es den Produktplanern von Siku angetan, sie brachten ihn auch als Polizeiwagen und als Krankenwagen. Siku ist später auf Metallguß umgestiegen und baut heute schöne Modelle in den Maßstäben 1:60 bis 1:43. Hierbei handelt es sich allerdings mehr um Spielzeug als um Sammlerstücke.

Diese Herstellungstechnik hatte in den fünfziger und sechziger Jahren in den mittleren Maßstäben bereits Einzug gehalten, während die großen Modelle aus Blech und die kleineren aus Plastik gefertigt waren. Berühmtester Hersteller von Plastikmodellen war seinerzeit zweifellos Wiking in Berlin. Bis auf die spanische Marke EKU und ein kleines Sortiment in der damaligen DDR gab es weit und breit keine Konkurrenz im „Eisenbahnmaßstab" 1:87, bei Wiking damals übrigens nur „angenähert", nämlich 1:90.

Als in den achtziger Jahren hier der große Boom über die Sammler kam – als Spielzeug waren die meisten Modelle der Neuanbieter kaum noch verwendbar –, blieben die Berliner weiterhin die Richtschnur der Branche. Wegen ihrer „Bespielbarkeit", wie Wiking sie sich erhielt, fallen diese Modelle im Detail nicht ganz so exakt aus wie die der Konkurrenz. Der Boom eröffnete auch Kleinserienherstellern wie Gollwitzer eine Chance. Brekina brachte 1993 seinen besonders schönen 180, während man bei Wiking bislang vergeblich auf eine Neuauflage des 180 wartet. Solche Neuauflagen macht die Firma zwar immer wieder, eine Realisierung hängt aber auch davon ab, ob die alten Formen noch brauchbar sind. Den 180 von Wiking gab es zunächst unverglast, er erschien 1956 (und kostete 60 Pfennige – der im Jahre 1993 vergleichbare Preis liegt bei 5,80 DM). 1958 kam als Neuheit das 220 Cabriolet hinzu. 220 – auch als Polizeiwagen und „Brandmeister-Pkw" – sowie das Coupé ließen nicht lange auf sich warten (1959). Noch 1964 zählte ein 220 als Taxi zu den Neuheiten, 1965 die Taxiversion des 180. 1966 waren noch der 180 als Taxi und das 220 Coupé im Programm.

Kurios aus heutiger Sicht wirken 1:87-Modelle von Schuco. Sie waren aus Metallguß und hatten mit dem Vorbild nicht sehr viel zu tun.

Es ging auch noch kleiner. In die 1:160-Serie (Eisenbahnspur N) von Wiking gelangte der Ponton zwar nie, Siku brachte aber 1956 einen Krankenwagen im Maßstab 1:220, er war Bestandteil eines Flughafen-Sets. Der Phantasie der Modellhersteller waren und sind (fast) keine Grenzen gesetzt. Zu der dem Ideal nahekommenden Sammlung aus kleinen Pontons zählen Gummiautos mit Quietscheffekt und andere Billigprodukte. Früher wurden sie von den Kindern kaum beachtet, heute warten die Sammler...

Als Siku noch mit Kunststoff arbeitete: der Ponton-Polizeiwagen.

Weit weg vom Vorbild war das Coupé von Schuco.

Keine Sorgen mit der Presse

Könnte der Pressechef eines Automobilunternehmens im Jahre 1993 für einen Augenblick 40 Jahre zurückschauen und seinen damaligen Vorgängern im Amt bei der Arbeit zur Hand gehen, würde sich ihm ein Paradies auftun. Freude und Zustimmung erfuhr nahezu jedes neue Auto in Zeitungen und Zeitschriften. Keine kritische Nachfrage nach passiver Sicherheit, Abgasen, Straßenraumbeanspruchung und dem Sinn hoher PS-Zahlen oder etwa Aufpreispolitik. Nein, 1953, als der 180 erschien, hatte man ganz andere Sorgen. Autos wurden gebraucht im vorsichtig einsetzenden Wirtschaftswunder, die Zeit der Behelfskonstruktionen einerseits und neu aufgelegter Vorkriegsware andererseits war noch nicht vorbei. Da wurde jede Neukonstruktion als der personifizierte Fortschritt begrüßt, erst recht, wenn sie solide gebaut und mit der nötigen technischen Weiterentwicklung versehen war. Das erwartete die Fachpresse natürlich von einem Mercedes, und diese Erwartungen sah sie erfüllt, als der 180 endlich da war.

Führend auf dem Markt der Autozeitschriften war schon damals „Das Auto Motor und Sport". Seinerzeit versorgte das Blatt der Motorpresse Stuttgart die Leser in zweierlei Hinsicht sogar umfassender als vierzig Jahre später: Nutzfahrzeuge und am Rande das Motorrad gehörten zu den Themen. Später gab es dann aus dem selben Verlag hierzu spezielle Publikationen, nämlich „lastauto omnibus" und „Das Motorrad". Konkurrenz des allgegenwärtigen „Das Auto Motor und Sport" war die „Motor Rundschau", ein an der Technik orientiertes Fachblatt, das bis Ende der sechziger Jahre existierte. Ähnlich war „Auto und Kraftrad" konzipiert. Mitte der fünfziger Jahre nannte es sich „Das Automobil PKW LKW Bus". Schließlich existierte für einige Jahre aus dem Kölner Sportverlag die „Auto- und Motorradwelt". Stark beachtet im deutschen Sprachraum (und im französischen dank der entsprechenden, inhaltsgleichen Ausgabe) war schon damals die wöchentlich erscheinende Schweizer „Automobil Revue". Einige Jahre gab es einen gleichlautenden Titel aus Deutschland, in den sechziger Jahren „Deutsche Automobilrevue" genannt, ehe das Blatt verschwand. Verlagsort war Frankfurt. Ein besonderes Niveau pflegte die „Motor Revue" der Stuttgarter Motorpresse. Wichtig war außerdem ab Mitte der fünfziger Jahre das populärwissenschaftlich aufgemachte Technikblatt „hobby". Ganz im Stil der Zeit in positiver Grundhaltung gegenüber jedwedem technischen Fortschritt fanden sich in Reportageform Autotests zwischen Beiträgen zur Atomkraft, Raumstationen, Düsenflugzeugen oder neuen Kunststoffmaterialien. Die Tageszeitungen pflegten ihre Motorseiten, manche sehr umfangreich, in der seinerzeit noch üblichen Sonntagsausgabe, einem Magazin, das später der Wochenendnummer zugeschlagen wurde. Zu tun hatten die Pressestellen der Autohersteller genug, die Redaktionen begegneten ihnen aber, auch in den Texten spürbar, in einer Weise, die sie Jahrzehnte später dem Verdacht der unlauteren Kooperation ausgesetzt hätte. Aber auch beim lesenden Publikum war die Einstellung gegenüber der Industrie unbefangener. Beides muß man wohl im Licht seiner Zeit betrachten und darf es vom heutigen Standpunkt aus nicht verurteilen. Werner Oswald, weithin bekannter Sachbuchautor zum Thema Auto, berichtet aus einer Zeit als Redaktionsmitglied bei „Das Auto Motor und Sport", daß die Veröffentlichung eines „Erlkönig"-Fotos – in der Zeitschrift hatte er diesen Ausdruck für das Bild eines Versuchswagens künftiger Serien am Beispiel eines 180-Vorläufers erfunden – zu erheblichem Ärger und massivem Druck durch die Pressestellen führte. Viele Jahre später hatte es sich eingebürgert, daß auch die Firmen selbst solche Aufnahmen streuen, um Kunden bei der Stange zu halten.

Worauf es den Testern und ihrem Publikum im Jahre 1953 beim brandneuen Mercedes 180 ankam, schildert die Einleitung des ersten Tests in „Das Auto Motor und Sport" im November des Premierenjahres.

Der zitierte Werner Oswald saß am Steuer und hatte sich notiert: „Schlag 3 Uhr eines schönen Oktober-Nachmittages reichten wir dem Pförtner im Untertürkheimer Werk, wo wir eben den 180-Testwagen empfangen hatten, den Passierzettel durchs Fenster, legten mit dem rechten Fuß den Gashebel aufs Bodenbrett und Schlag 9 Uhr standen wir vor dem Hauptbahnhof in Hannover. 570 km in sechs Stunden mit einem ungewohnten Wagen sind eine beachtliche Leistung, zumal sie zwei Stunden Nachtfahrt und die zwar jetzt ordentlich ausgebaute, aber gerade abends von Lastzügen bespickte Bundesstraße 3 zwischen Northeim und Hannover einschließt." Ein modernes Auto mußte zuverlässig und möglichst zügig am Ziel ankommen. Wenn man dabei auch noch bequem saß und kein Heulen oder Brummen des Motors störte, war man schon in der Oberklasse angekommen. Aus heutiger Sicht werfen die Sätze des Testers auch einen Blick auf die damals mögliche Fahrweise. Wehe dem Redakteur im Jahre 1994, der schreibt, er wäre ab Werkstor auf dem Weg von Stuttgart nach Hannover mit aufs Bodenbrett gedrücktem Gaspedal gefahren...

Oswald weiter: „Wer sich zum erstenmal in den 180 setzt, fühlt sich gewissermaßen wie in einem großen Taunus 12 M. Das macht die bei mittleren Mercedes-Modellen bisher völlig ungewohnte Platzfülle und vor allem die großartige Sicht, die nach allen Seiten geboten wird und die insbesondere auch nach unten, dank tiefer Motorhaube und weit herabgezogener Fenster, überraschend erweitert wurde. Es sind ferner ... die exzellenten Fahreigenschaften in Verbindung mit einer ziemlich weichen Federung, die dem neuen Modell eine besondere Note geben, und schließlich ist es eine für Mercedes-Begriffe bemerkenswert leicht gehende Lenkung, die vor allem auf Langstreckenfahrt angenehm empfunden und nicht zuletzt auch den ungeteilten Beifall bei den autofahrenden Damen finden wird." Anerkennung für die dem neuesten Stand angepaßte Karosserielinie und hohes Lob für das Fahrwerk führt der Tester im weiteren aus. Die alte Maschine wird Mercedes 1953 noch verziehen. In der Kritik stehen nur Kleinigkeiten der Ausstattung.

Zum Schluß das Testzeugnis: „Alles in allem hat Mercedes mit dem neuen 180 ein sehr beachtliches Fahrzeug geschaffen. Wir hatten, wie der geneigte Leser sieht, keinen Grund, da und dort mit unserer Kritik zurückzuhalten; wir brauchen es auch nicht, denn die Qualitäten des Wagens besitzen gegenüber einigen kleinen Lastern ein erdrückendes Übergewicht. Unter anderem haben wir auch von der Sparsamkeit (in der Ausstattung/Der Verfasser) gesprochen. Je nun, das stimmt, aber dafür wird das brandneue Modell auch zu einem Preis unter der 10 000 Mark-Grenze geliefert, und das war füglich nicht ohne weiteres zu erwarten. Man hat sich in Untertürkheim und Sindelfingen erfolgreich angestrengt, in jeder Beziehung, das muß man schon sagen; so sind wir die letzten, die das nicht anerkennen und dem 180 jene ausgezeichnete Gesamtnote verweigern, die er verdient. Einser gibt es im heutigen Schulbetrieb nur noch in höchst seltenen Ausnahmefällen; der Zweier ist praktisch die beste Zensur. Mit einem guten Zweier aber wollen wir unseren heutigen Prüfling entlassen, ihm viel Erfolg und ein langes Leben wünschend."

Im Mittelpunkt eines Tests der Dieselversion steht – daran hat sich über Jahrzehnte nichts geändert – die Wirtschaftlichkeitsberechnung. Dipl. Ing. W. Buck führt dazu in Heft 6/1954 von „Das Auto Motor und Sport" interessante Zahlen auf: „Über die Wirtschaftlichkeit des Dieselbetriebs gerade auch im Inland wird noch heftig debattiert. Daß die reinen Betriebskosten erheblich niedriger liegen müssen, ist klar; dafür sorgt nicht nur der geringere Kraftstoffpreis von Dieselöl, sondern auch der geringere Verbrauch an sich. Man gibt bei Daimler-Benz den Normverbrauch des 180 D mit 6,3 Litern/100 km, den des Vergaser-180 mit 8,7 Litern/100 km an. Rechnet man mit einem Normalverbrauch auf der Straße, der jeweils um 20 % höher liegt, so stellt sich der Kraftstoffpreis je 100 km für den 180 auf 6,90 DM, für den 180 D auf 3,10 DM, d.h. die 950-DM-Preisdifferenz beider Typen ist bei ziemlich genau 25 000 Kilometern – eine Jahresleistung – durch den niedrigeren Verbrauch und Kraftstoffpreis abgedeckt. Diese Rechnung wird, zunächst mit Fug und Recht, angezweifelt, da ja die fixen Kosten – hier vor allem Abschreibung und Zinsverlust, bedingt durch den höheren Kaufpreis des Diesel – höher liegen müssen. Aber auch das hält der genauen Rechnung nicht stand, weil Haftpflicht- und Kaskoversicherung (40 PS gegen 52 PS des Vergaser-180) niedriger liegen und die (nur geringfügig höheren) Posten von Amortisation und Zinsverlust weitgehend abdekken. Bei 25 000 km jährlich errechnen sich Jahreskosten von 5660 DM – für den normalen 180 und 4790 für den 180 D..." Der Tester gehörte offenbar schon zu den Verfechtern des Dieselantriebes, als Dieselfahrer mit dem Ruf leben mußten, nicht genug Geld für den Unterhalt eines flotten Wagens zu haben. Später gab es dann noch die Unterstellung, statt des mit hohen Steuern belegten Dieselkraftstoffs einfach billiges Heizöl zu verfahren... Dipl. Ing. W. Buck gab 1954 den Dieselfahrern Schützenhilfe: „Der Komfort des 180 und dessen überragende Fahreigenschaften verbinden sich somit im 180 D mit der Betriebswirtschaftlichkeit des Dieselmotors. Die Einbuße an Temperament ist angesichts der niedrigen Haltungskosten um so eher zu verschmerzen, als der 180 D heute Fahrleistungen erlaubt, die man noch vor fünf Jahren bei einem

Vorhergehende Doppelseite:
Alles drängelt sich um den Neuen: Pressevorstellung bei Mercedes.

Nicht ohne Grund bereiten die Presseabteilungen alles für die Veröffentlichung in den Zeitungen und Zeitschriften vor. Hier ein offizielles Pressefoto des 220 S.

Diesel-Personenwagen kaum für realisierbar angesehen hätte. Wenn ich als simpler Angehöriger des Mittelstandes die Wahl zwischen 180 und 180 D hätte – sie fiele mir keinen Augenblick schwer…"

Den 180 Diesel ins rechte Licht zu rücken war die Absicht der Presseabteilung, als sie im Januar 1955 zum Wettkampf „Renn-Asse gegen Amateure" aufrief. Eine Werksbroschüre erinnert an die gelungene PR-Aktion. Daß sie gelungen war, beweisen in den Text eingestreute Zeitungszitate. Kein Geringerer als Rennleiter Alfred Neubauer persönlich leitete die Fahrt von Sindelfingen nach Hamburg. Im „Wettbewerb der Wirtschaftlichkeit" gingen unter Aufsicht des ADAC 15 Wagen an den Start. Drei Berufskraftfahrer – der besseren Presseauswertung halber Zeitungsausfahrer der „Bild-Zeitung" –, drei Verkehrspolizisten und – siehe oben – Journalisten von Rundfunk und Presse bildeten die Riege der Amateure. Die Daimler-Benz-Rennmannschaft vertraten Karl Kling, Hans Herrmann und Werner Engel. Der Clou der Sache: Sieger wurde derjenige, der nach den 700 Kilometern von den 56 Litern Diesel im Tank noch am meisten übrig und dabei nicht länger als 11 Stunden gebraucht hatte (das war nämlich die Reisezeit eines Schnellzuges auf dieser Strecke). Autobahn existierte auf der Route damals nur bis kurz hinter Göttingen. Es gewann der später auch als Rennfahrer bekannt gewordene Rundfunk- (später Fernseh-)Journalist Günther Isenbügel. Er benötigte 33,05 Liter und zehn Stunden und 54 Minuten. Knapp, aber exakt! Für Rennprofi Karl Kling blieb nur Platz zwei.

Mit hohen Erwartungen waren die Tester sicherlich in die Probefahrten mit dem neuen 220 gegangen. „Das Auto Motor und Sport" räumte dem Oberklassewagen in Heft 19/54 gebührenden Raum ein. Für Werner Oswald und seine Testmannschaft begann die Fahrt mit einer Enttäuschung. Reifen mit fehlerhaftem Profil verdarben zunächst das Fahrvergnügen. Mit neuen Pneus lieferte der 220 dann das erwartete Ergebnis ab. Die Fahrleistungen: „Die hervorragende Fahrsicherheit des 220 in Verbindung mit seinem prächtigen, nunmehr 85 PS leistenden Sechszylindermotor ermöglicht Fahrleistungen, die einfach frappant sind. Diese dokumentieren sich nicht nur in einer Höchstgeschwindigkeit von über 150 km/st, sondern vor allem in Beschleunigungswerten, wie sie noch bis vor kurzer Zeit für einen Tourenwagen dieser Größe völlig undenkbar gewesen wären." Gemessen hatte die Redaktion von 0 auf 90 eine Zeit von 15 Sekunden, von 0 auf 120 dauerte es 29 Sekunden. Perfekt war auch der Mercedes nicht: „Die Lenkradschaltung freilich ist immer noch nicht so leichtgängig wie bei anderen Wagen, insbesondere das Einlegen des I. und des Rückwärtsganges geht selten glatt vonstatten, und auch zwischen den anderen Gängen scheint sich das Schaltgestänge manchmal ein wenig zu sperren." Der Innenraum befriedigte die Ansprüche der Journalisten (fast) ohne Einschränkung: „Sowohl außen wie innen wirkt der neue 220 ausgesprochen repräsentativ. Vor allem sein reich garniertes, aus Holz bestehendes Armaturenbrett macht einen sehr gediegenen, vornehmen Eindruck. Außer der elektrischen Uhr sind alle Instrumente in einem übersichtlichen Kombiinstrument zusammengefaßt. Der übrigens sehr genau anzeigende Tachometer ist nicht kreis- oder halbkreisförmig, sein Zeiger läuft vielmehr waagerecht an der schmalen Ziffernskala entlang. Bei den übrigen Instrumenten freut uns vor allem die Anwesenheit eines Tageskilometerzählers. Nicht recht beglückt sind wir hingegen, obwohl wir hierzu im Moment auch keinen positiven Vorschlag zu machen wüßten, über die Galerie der Knöpfe unter dem Kombi-Instrument. Man wird wohl einige Gewöhnung brauchen, um deren einzelne Bedienung jemals ‚im Schlafe' zu wissen..."

Die Qualität des neuen Wagens verdeutlicht eine abschließende Bemerkung von Werner Oswald: „Fünf Personen, die keineswegs unterernährt sein brauchen, finden hier eine Menge Platz. Ebenso steht ein riesenhafter Kofferraum zur Verfügung. Da sieht man, was die modernen Konstruktionstendezen bringen: Der 220 hat praktisch mehr Sitz- und mehr Kofferraum als der 300, und dabei ist er sogar noch einige Kilo leichter als der räumlich sehr beengte 220 alter Art..."

Eine sehr interessante Kombination aus dem Mercedes-Programm stellte die „ADAC-Motorwelt" in Heft 7/1957 vor. Der 219 mit Hydrak war das Objekt der Prüfung. Ausführlich erklärt St. v. Szénásy die Technik der automatischen Kupplung. Dies ist ihm so gut gelungen, daß das Werk sich zu einem Nachdruck des Testberichtes entschloß.

„Die Eigenschaft der hydraulischen Kupplung, die Kraft erst mit steigender Drehzahl und dadurch bedingter steigender Strömungsenergie des Öls zu übertragen, bringt, wie gesagt, den großen Vorteil, daß man im Leerlauf des Motors mit eingeschaltetem Gang steht und lediglich durch Gasgeben anfährt, der Anfahrvorgang denkbar weich ist, man weder ruckweise anfahren noch aber den Motor abwürgen kann." So faßt der Techniker die Beschreibung des Hydrak-Automaten zusammen. Auch die wichtige Eigenschaft dieses Systems, den Motor ständig beim Bremsen hinzuzuziehen, wird in dem Beitrag gewürdigt. Das Fazit ist eine Aufforderung, verfügbare Technik auch zu nutzen: „Soll man Hydrak fahren oder nicht? Wer ausgesprochener Liebhaber des Schaltens ist und gerne sehr sportlich fährt, wird fraglos mit dem Normalgetriebe mehr Spaß haben. Alle anderen, vor allem aber Menschen, die sich hauptsächlich in der Großstadt im Verkehr bewegen, werden jedoch den Hydrak schnell zu schätzen lernen. Es zeigt sich nämlich am Hydrak und an der Leichtigkeit des Gangwechsels, daß schlechtes Schalten heute im Zeichen der Synchrongetriebe nicht mehr eine Schalt–, vielmehr eine Kupplungsfrage ist. Leistungsmäßig ist vielleicht mit dem Hydrak eine sehr geringe Einbuße an Beschleunigung gegeben, aber nur in den engen Grenzen von wenigen Prozent, also höchstens meßbar, aber kaum fühlbar. Wir haben jedenfalls gegenüber dem im Januar getesteten 219er überhaupt keine Unterschiede feststellen können. Allerdings ist, wie bereits erwähnt, seitdem die Motorleistung um 5 PS erhöht worden. Von 0 auf 100 km/h benötigten wir damals 16,6, heute 17,0 Sekunden. Im 4. Gang betrug die Beschleunigung von 20 bis 100 km/h damals 25,8, heute 25,3 Sekunden. Das zeigt also deutlich, daß die Abweichungen innerhalb der durch Meßungenauigkeiten gegebenen Streuungsmöglichkeiten liegen.

Der Verbrauch hängt vom Fahrer ab! Man kann mit dem Hydrak (vielleicht bis auf 2-3%) mit gleichem Verbrauch fahren, wenn man zügig den Schalthebel betätigt und vor allem, wenn man nicht sehr viel die Kupplung schlüpfen läßt. Wer in der Großstadt ständig mit eingeschaltetem Gang hält, der wird natürlich einen etwas höheren Verbrauch haben, aber auch keinen irgendwie beunruhigenden Verbrauchsanstieg bemerken."

Ist das „E" auf der Kofferraumhaube eines Mercedes zu teuer? Diese Frage war aktuell, so lange es S- und SE-Versionen nebeneinander gab (also bis zum November 1985, als die Produktion des 280 S der Baureihe W 126 eingestellt wurde und der 260 SE das Einstiegsmodell der S-Klasse wurde). Auch Diplom-Ingenieur Dieter Korp in Diensten von „Das Auto Motor und Sport" – wie Oswald ein später sehr bekannter Sachbuchautor – geht beim Test des 220 SE in Heft 4/1959 dieser Frage nach. Im selben Jahr wird die Ponton-Baureihe durch die der Heckflosse abgelöst werden. Der Aufpreis für den Einspritzmotor betrug damals satte 1900 DM, bei einem Gesamtpreis von

Rechts oben:
Vornehm und gediegen lockt das Armaturenbrett des 220 Cabriolet.
Rechts unten:
Wer wollte da nicht gerne Platz nehmen...

14 400 DM. Zum Vergleich: 1985 kostete der 280 SE 3900 DM mehr als der 280 S bei einem Gesamtpreis von 52 700 DM. In der Relation wurde das „E“ mit der Zeit also billiger.

Dieter Korp führt in seinem Testbericht aus: „Bei aller Aufgeschlossenheit dem technischen Fortschritt gegenüber standen zwei sehr konkrete Fragen im Vordergrund dieses Tests. Ist die Benzin-Einspritzung des 220 SE 1900 DM wert? Und zweitens: Ist eine Benzineinspritzung zuverlässig? Man darf folgende Zwischenrechnung präsentieren, bevor die erste Frage beantwortet werden soll: 1900 DM sind rund 15 % von 12 500 DM, soviel kostet nämlich der 220 S. Für das 220 S Cabriolet zum Beispiel muß man 72 % mehr als für die Limousine bezahlen – trotz gleicher Fahrleistungen. Andere Autopreise: Der VW-Export kostet gegenüber seiner Standardausführung 18 % mehr. Der Karmann-Ghia kostet 63 % und das Karmann-Ghia-Cabriolet gar 80 % mehr. Für die Isabella TS zahlt man gegenüber der normalen Isabella 12 % mehr. Worauf das hinaus soll: Mit dem Erwerb eines Autos möchte man nicht soundsoviel Kilo Stahl einkaufen, sondern Komfort, Schönheit, Leistung. Das trifft besonders zu, wenn man den anderen seiner Klasse in irgendeiner Form überlegen sein möchte. Auch der nüchternste Rechner ist nicht ganz frei von diesen Reflexionen, die sich tief unter unserer Hirnrinde abspielen. Und selbst wenn man von Berufs wegen im Autofahren eine reine Transportaufgabe sehen muß, so gibt es auch hier Ausnahmen, wenn man nämlich schneller, sicherer und ermüdungsfreier sein Ziel erreichen kann. Auch das sind Dinge, die sich nicht in Mark und Pfennig umrechnen lassen, sie aber wert sind. Unter diesem Blickwinkel sind 1900 DM zwar immer noch viel, aber nicht übertrieben viel Geld. Daß fertigungsmäßig die Kosten für die Bosch-Einspritzung höher sein müssen als für die beiden Solex-2-Stufen-Vergaser des 220 S, dürfte wohl feststehen, daß es so viel sein muß, ist die Frage. Aber das alles ist ein Streit um des Kaisers Bart, man muß den Wagen auf der Straße erleben.“

Man spürt, die Technik hat den Tester begeistert. Unter diesem Eindruck wird daher der in der Tat als zu hoch empfundene Aufpreis kühn relativiert mit Prozentzahlen auf einer viel niedrigeren Basis. Gerade der 220 SE fand in der Fachpresse weit mehr Zustimmung als in der Käuferschaft. Das Fahrvergnügen rechtfertigt, so stellt dieser Bericht fest, den Aufpreis. Die Frage nach der Zuverlässigkeit läßt sich noch nicht beantworten, der Tester wagt aber einen vorsichtigen Tip, mit dem er generell richtig lag: „Und das Benzineinspritzungs-System wird, unter Wertung aller Dagegen und Dafürs, den Beweis seiner Zuverlässigkeit nicht schuldig bleiben, jedenfalls nicht mehr und nicht weniger, als es jedem der Abnutzung im Automobil unterliegenden Teil beschieden ist.“ Gelobt wird im Test das Leistungsverhalten des Motors und die gute Verarbeitung. Als Nachteile registrierte Dieter Korp an dem schon etwas angestaubten Modell: „Die vorderen, breiten Seitenpfosten behindern die Sicht des schnellen Wagens. Die Anordnung der Bedienungsknöpfe am Armaturenbrett könnte übersichtlicher sein. Man sieht beim Zurücksetzen nicht, wo der Wagen ‚aufhört‘.“

Einen Sonderdruck wie beim Bericht der „ADAC-Motorwelt“ über den 219 Hydrak bestellte sich Daimler-Benz auch von der Beurteilung des 190 in der „Motor Rundschau“, Heft 2/60. Der Test fällt sehr positiv aus, was angesichts der da schon fast siebenjährigen Produktionszeit der Modellreihe erstaunlich ist. Die Redaktion stellt für die Vierzylinder-Modelle fest: „In den Dimensionen und der Raumausnutzung, in der behaglichen Ausstattung gelten sie unverändert als Vorbild, das dazu noch in der Sindelfinger Qualität nur selten erreicht wird. Nur wenige Werke sind wie Mercedes-Benz Tag für Tag in mühseligen Versuchsreihen bemüht, Straßenlage, Bodenhaftung, Federung und ein den flüssigen Verkehr förderndes Temperament usw. ständig zu verbessern. Deshalb hat man in diesen Wagen immer ein beruhigendes Sicherheitsgefühl, auch im dichtesten Verkehr ... So ist der Mercedes-Benz-Vierzylinder ein Gebrauchs- und Reisewagen von internationalem Format, ein großräumiger Fünfsitzer, ein Auto, in dem man gern auch lange Strecken fährt, weil das so wenig anstrengt. Das Modell 190 mit 80-PS-Motor ist gegenüber dem Typ 180 um rund 10 km/h schneller und natürlich auch noch flotter am Berg und beim Beschleunigen.“

Großen Wert legte man in allen Chefetagen der Automobilindustrie auch damals schon auf das Urteil der renommierten Schweizer „Automobil Revue“. In einer Übersicht über den Autojahrgang 1960 schreibt sie am 7. April 1960 über den 190: „... Die Frontgestaltung, über die man beim Erscheinen dieses Wagens etwas überrascht war und die zur älteren Karosserieform nicht so gut zu passen schien wie zur neuen Linie der Sechszylindermodelle, hat sich durchgesetzt und dürfte heute von jedermann vor dem älteren, schmäleren Kühler vorgezogen werden. Im Innenraum des Wagens fällt vor allem das neue Lenkrad mit der großen Nabenplatte auf, das aus Sicherheitsgründen gewählt wurde ... Daß die Sicht heute nicht mehr voll befriedigt, ist verständlich; die Marke hat ja mit ihren Sechszylindermodellen gezeigt, was man unter einem modernen Aufbau auch in dieser Beziehung zu verstehen hat. Auch in der Federungsgüte und den übrigen Fahreigenschaften, die gewiß einen hohen Stand erreichen, darf der Vergleich mit dem teureren Modell nicht zu weit getrieben werden. Immerhin liegt auch die Leistung des Wagens nicht derart hoch (vom Preis nicht zu sprechen), so daß man dem Fahrwerk auch nach mehreren Jahren der Existenz eine gute Note erteilen darf. Wie immer beeindrucken die offensichtliche Solidität und die ausgedachte Bauart vieler Details.“

Schöne Welt des Traums

Wer vom Auto träumt, denkt an schöne Reisen. Nichts nimmt den Menschen mehr für das individuelle Verkehrsmittel ein als die Vorstellung, überall hinzufahren, wann man nur will und kann. Selbst Zeitgenossen, die dem Auto inzwischen kritisch gegenüberstehen, können sich der Faszination dieser Vorstellung kaum entziehen. Kritische Gedanken gegenüber dem Auto gab es 1953 nicht, im Gegenteil, jedes produzierte Stück wurde als ein Fortschritt angesehen, als ein Zeichen, daß es unwiderruflich aufwärtsging in Deutschland. Die Sehnsüchte in den frühen fünfziger Jahren galten dem fernen Süden. Selbst Kleinwagen hatten paßfest zu sein, man wollte, früher oder später, nach Italien. Für viele Kleinwagenbesitzer mußte erst einmal der Schwarzwald als Ersatz herhalten. Wer sich aber einen Mercedes leisten konnte, brauchte nicht länger zu warten.

Das Deckblatt eines der ersten Prospekte des neuen 180 konfrontiert den Interessenten gleich mit dieser Sehnsucht. Schwungvoll gezeichnet und dezent koloriert ist da ein eher schmuckloser 180 zu sehen, besetzt mit fünf Erwachsenen. Es müssen schlanke und kleine Leute gewesen sein, so viel Platz haben sie auf dem Bild. Der Fahrer ist sogar mit Hut unterwegs. Später wurden solche Figuren zum prägenden Typ des Sonntagsfahrers. 1953 war das noch nicht so, die Reisegruppe im Prospekt rollt auf einer kurvenreichen Küstenstraße irgendwo im Süden. Außer dem Fahrer schauen alle Insassen interessiert in die schöne neue Welt. Man reist eben bequem im Mercedes. Faltet man den Prospekt auf, kommt mit der ersten Schlagzeile gleich die Bestätigung: „Jeder Kilometer wird zur Freude". Ein kurzer Text erläutert die Rahmenbodenanlage – effektvoll dargestellt in einem Spiegelbild – und den Fahrschemel. Der alte Motor wird wegen seiner Laufruhe gerühmt und wegen seiner Sparsamkeit. 126 km/h galten damals noch als „flotte Fahrt". Beim zweiten Aufklappen des Prospektes lädt die Fahrerperspektive zum Einsteigen ein. Das Armaturenbrett, etwa im Verhältnis 1:3 zur Originalgröße dargestellt, scheint darauf zu warten, daß der schemenhaft angedeutete Fahrer gleich an den Schalthebel greift. Der Fotoapparat liegt griffbereit im offenen Handschuhfach, und draußen – jetzt in schwarz-weiß gehalten – sind vier andere Verkehrsteilnehmer zu erkennen. Einer von ihnen ist noch auf das Fahrrad angewiesen, davor fährt ein weiterer 180 und auf der Gegenspur kommt ein 300. Im Innenspiegel schließlich ist noch ein 180 zu erkennen. Der Fahrer hat alles im Blick („Übersicht und Sicherheit"), eine über der Kreuzung hängende Verkehrsampel, den 300 – man gehört schließlich zur großen Mercedes-Familie –, den 180 vorn, den Radfahrer und natürlich auch den 180 im Spiegel. Auf dem selben Prospektbogen werden Heizung und Lüftung sowie die Bremsen beschrieben. Dies mit einem damals sehr verbreiteten Motiv: die allgegenwärtige Bahnschranke, hinter der der Mercedes soeben mühelos zum Stehen gekommen ist. Die Angst vor schlimmen Unfällen an Bahnübergängen saß tief in jenen Jahren. Das Autobahnnetz war noch in etwa auf Vorkriegsniveau und die Bundesstraßen kreuzten häufig die Gleise. Im Bild steht der Schrankenwärter dabei, Gleise sind allerdings nicht zu sehen. Es kommt ja auch nur auf die Bremsen an.

Noch ein weiteres Mal läßt sich der großformatige Prospekt auffalten. Im Mittelpunkt der vielen Abbildungen, die sich jetzt auf dem Gesamtbogen dem Betrachter anbieten, stehen die Sitze. Die auf Wunsch lieferbare durchgehende Bank vorn ist kurz skizziert. „Bequemlichkeit und Raumkomfort" ist dieser Part überschrieben. Eine Schnittzeichnung mit farblicher Absetzung gibt ein nachhaltiges Bild von den Platzverhältnissen. Schlußpunkt der bunten Doppelseite: „Vier Türen laden ein", diesmal nicht gezeichnet, sondern in Form eines Fotos. Unter anderem ist auf der Doppelseite auch der typische Koffersatz zu entdecken. Auf der Rückseite des zusammengeklappten Prospektes lachen den Leser die Köpfe der fünf Italienfahrer an.

Typ 220 S
CABRIOLET

Nehmen Sie doch einmal Platz hinter dem Steuer des 220 S-Cabriolet: in der beschwingten Atmosphäre seines Innenraumes sind Sie vom ersten Augenblick an in Urlaubsstimmung! Denn mit einer kleinen Drehung des Zündschlüssels erschließen Sie sich Ihre Ferien vom Alltag - ob Sie nun privat oder geschäftlich unterwegs sind. Auf jeder Fahrt mit diesem eleganten Wagen spüren Sie die leisesingende Kraft seines temperamentvollen Motors und genießen die Leichtigkeit, mit der Sie den Verkehr beherrschen · Ubrigens, für Freunde eines geschlossenen Wagens individueller Prägung wird der 220 S auch als Coupé geliefert.

Überzeugender Werbeslogan für das Cabriolet aus einer Zeitschriftenanzeige.

An der Dieselzapfsäule bot im Jahre 1954 noch der Tankwart seine Dienste an.

MERCEDES-BENZ

Der bewunderte „TYP 180“ jetzt auch mit Dieselmotor

Die Neuigkeit des Jahres 1954 verbreitete dieses Prospektblatt.

Eleganz in Farbe und Form präsentiert dieser 190-D-Prospekt von 1958.

„Fahrgenuß wie Sie ihn sich wünschen", so werden die Extras wie Radio und Faltschiebedach angepriesen.

Das Motiv vom Deckblatt des Prospektes für den 180 muß dem Künstler – vermutlich Hans Liska – gefallen haben. Er gestaltete ein ganz ähnliches für den 220. In kühnem Schwung kommt der dunkelblaue Wagen um die Ecke, der Fahrer, mit Hut und voll auf die Fahrbahn konzentriert, die Dame an seiner Seite genußvoll die Landschaft betrachtend. Man befindet sich zwar nicht an der Küste, aber eindeutig in einem südlichen Land, die Bauten im Hintergrund verraten klassische Maße. Die Kleidung der Besatzung ist deutlich vornehmer als die der 180-Passagiere. Man sitzt ja schließlich in einem exklusiven Auto. Im Inneren des gehefteten Prospektes tritt realistische Darstellungsweise an die Stelle der Interpretation. Wie Fotos wirkende Zeichnungen beherrschen die erste Doppelseite. Das Motiv aber ist geblieben: die Paßstraße, die der 220 – auf der Darstellung in drei Etappen – in flotter Kurvenfahrt nimmt. Während der Wagen am Auge des Betrachters vorbeirauscht, werden die Blicke auf das Hauptbild gelenkt, ein messerscharf in Seitenansicht gezeichneter 220, in vornehmem Blau koloriert. Dort haben die Augen zu verharren, wie schon im Prospekt des 180 unterstützt von den ebenfalls hinschauenden, freigestellten Köpfen der zufriedenen Paßfahrer und, wem das noch nicht reicht, kleinen roten Pfeilen. „... wie Sie ihn auch sehen mögen", stellt der Text fest und meint wohl, es führe kein Weg vorbei an diesem eleganten Auto.

Die folgende Doppelseite bringt Komfort und Raumverhältnisse näher. Beim abgebildeten 200 muß es sich um ein Wohnzimmer gehandelt haben, so schön hat es die auf der Rückbank plazierte Dame. Zwei gestalterische Ideen kennzeichnen die Sonderstellung dieses Autos: Die Größe des Kofferraums wird hier nicht nur in der Zahl zu verstauender Koffer dokumentiert. Das wäre zu gewöhnlich. In den 220 lädt nämlich ein Hoteldiener das Gepäck ein. Und die Raumverhältnisse bewundern außer der Dame zwei Kinder, die sich an der Scheibe die Nase platt drücken. Man darf sich bestaunen lassen. Auf den zwei folgenden Seiten der Technik-Beschreibung werden die Motorleistung und die Fahrsicherheit herausgestellt. Die Rückseite ist den Sonderwünschen und den technischen Daten vorbehalten.

Einander ganz ähnlich sind zwei Einzelblätter zum 220 S und zum 219. Und doch werden Unterschiede klar.

„Kraft, Komfort und Sicherheit" heißt die Schlagzeile beim 220 S. „Ein Sechszylinder mit allen Vorzügen" bei der Sparversion 219. In beiden Fällen verziert außer dem (gezeichneten) Wagen eine Abbildung des Motors das Blatt. Die Überschrift der Rückseite beim 220 S – „Mit allen Annehmlichkeiten" – ist beim 219 vorsichtshalber weggelassen. Im Vergleich machen die Bilder des Innenraums den Unterschied in der Ausstattung vor allem an Armaturenbrett und Innenverkleidung auch ohne weitere Worte deutlich. Wohl auch, um dem zögernden Kunden den Sprung vom 219 zum 220 S schmackhaft zu machen.

Den Werbestrategen bei Daimler-Benz ist es durchgängig gelungen, in der Aufmachung der Prospekte auf den Unterschied zwischen 219 und dem 220 S hinzuweisen, ohne diese in Worten besonders zu betonen. Es beginnt bei den Hauptprospekten beider Modelle mit dem Einband: Beim 220 S ist es Karton, als Farbe wurde ein heute sehr grell erscheinender Kupferton gewählt. In feiner Schrift ist rechts unten die Typbezeichnung angebracht, links senkrecht der Schriftzug „Mercedes-Benz" plaziert, daneben sitzt unübersehbar der Stern. Diese Aufteilung gilt auch für den Prospekt des 219, als Grundfarbe genügt hier aber ein giftiges Gelb, verwendet wurde einfaches Glanzpapier. Während beim 220 S das Heft mit einer Seite stimmungsvoller Vorbereitung auf das Spitzenprodukt des Programms eingeleitet wird – „Ihr guter Stern auf allen Straßen" –, geht es für den 219 gleich ran mit der schon bekannten Schlagzeile, die Kernbotschaft für dieses Auto: „Ein Sechszylinder mit allen Vorzügen". Bunte Punkte umspringen wie Seifenblasen den Text und ein Foto der Maschine. Sie vermitteln Schlagwörter, deren wichtigstes „Wirtschaftlich" ist. „Laufruhig", „Volle Kraftreserven", „Temperamentvoll", „Mit 90 PS" und „Elastisch" sind die anderen, Sinn machen sie aber nur mit dem Hinweis auf den Preis des Wagens. Der fehlt natürlich auch nicht im Text, wenn auch auf eine exakte Angabe verzichtet wird. Auf dem Bild ist wieder ein gezeichneter und kolorierter Wagen vor einem Foto – hier eine moderne Straßenbrücke – zu sehen, gefahren von einem Mann, der allein unterwegs ist und offensichtlich beruflich zum nächsten Termin eilt. Ganz anders wird der Betrachter auf den 220 S eingestimmt: Das Foto zeigt den Wagen in Schwarz, die klassische Lackierung für dieses Auto. Bei keiner anderen wirkt der Chromschmuck so nachhaltig. Das Auto steht vor einer Schloßtreppe, das glückliche Besitzerpaar schaut beim Hinaufsteigen stolz zurück. „Eleganz in Form und Farbe" ist der Text überschrieben. Die Darstellung einer antiken Vase und der modernen Kunst entlehnter Würfel verzieren diese Seite, auf besondere Ansprüche hinweisend. Nach dem Umblättern wird

Realitätsgetreue Prospektdarstellung wie diese war in den fünfziger Jahren nicht die Regel.

Nachfolgende Doppelseite:
Der Traum: Im geräumigen Tourenwagen in den Süden. Titelblatt des ersten Prospektes für den 180.

MERCEDES-BENZ TYP 180

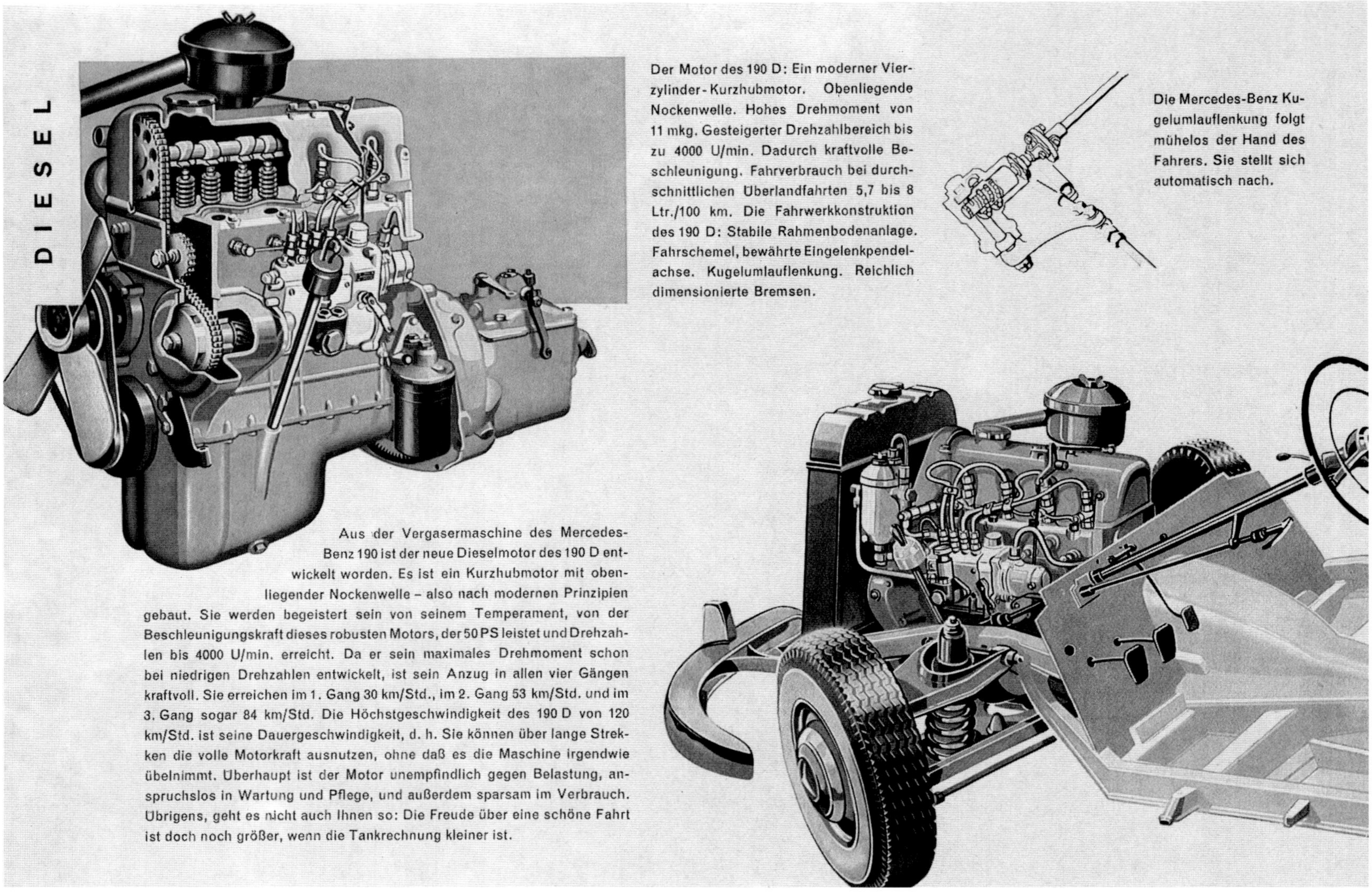

Die zentralen Elemente der 190-D-Technik werden instruktiv dargestellt.

der künftige Besitzer eines 220 S erst richtig eingestimmt: Ein Foto mit dem Armaturenbrett und dem Blick über die lange Haube nach draußen lädt zum Fahren ein, ein Motiv, daß sich in fast jedem aufwendig gemachten Prospekt findet. „Leichtes Fahren – beschwingte Fahrt" heißt die Aufforderung in der Überschrift. Daneben rollt ein 220 S in Rot, von zwei „kleinen Brüdern" umrahmt, vorbei an einem modernen Gebäude jener Zeit. Der Prospekt des 219 bleibt bei seinem Thema: „Auch im ‚Format' ein Sechszylinder", stellt die Überschrift fest und zeigt in idealisierender Zeichnung die Innenraumverhältnisse. Zum bereitgestellten Gepäck gehört eine Golfausrüstung, für arme Leute war die Sparversion also nicht gedacht...

Die Innenraumbilder des 219 folgen nach dem nächsten Umblättern. Eine elegante Dame – vom Zeichner in Seitenansicht dargestellt – steuert den Wagen, denn er ist „Leicht und elegant zu fahren" und auf der gegenüberliegenden Seite gestattet das zurückgeschobene Faltschiebedach einen Blick in das rote Auto. Während es im Prospekt des 219 nun schon an Ausstattung und technische Details herangeht, darf im Falle des 220 S noch eine Weile genossen werden. „Großzügig und behaglich" steht über einem Farbfoto, auf dem die Dame des Hauses gerade im Auto Platz nehmen will. Natürlich herrscht bestes Sommerwetter. Auch auf der Rückbank und in Abendgarderobe machen sie und der Wagen eine gute Figur. „In der ganzen Welt zu Hause" ist man mit dem 220 S, vermeldet die nächste Doppelseite. Dazu steht der rote Wagen auf dem Flughafen Echterdingen, unmittelbar am Flugzeug, den Gast erwartend. Propellermaschinen im Hintergrund dokumentieren auch auf diesem Gebiet den Stand der Technik. Werbeaufnahmen mit Flugzeugen waren sehr beliebt, niemand zeigte nach dem damaligen Geschmack den Zeitgeist deutlicher, als der, der alles technisch Neue verehrte. Die technische Beschreibung des 220 S wird eingeleitet mit dem Foto eines über Schlaglöcher flitzenden Wagens. Er trägt übrigens ein neues, allerdings imitiertes Nummernschild mit dem „S" für Stuttgart, während die anderen Autos im Prospekt noch die alten Schilder der Besatzungszonen haben. „Jeder Straße überlegen" heißt es. Technische Zeichnungen erläutern anschaulich die Kugelumlauflenkung, das Prinzip des Fahrschemels, die Hinterachse und die Einzelradaufhängung. Die Rahmenbodenanlage beschreibt auf dem nächsten Doppelblatt geschickt das Foto eines Wagens, der eben an Bord eines Schiffes gehoben wird und so den Blick auf die Struktur des Bodens freigibt. Internationalität strahlt eine Zeichnung der Golden-Gate-Brücke von San

Francisco im Hintergrund aus. Ganz zum Schluß, zusammen mit den technischen Daten, sieht man den 220 S – diesmal im recht seltenen Grün – in flotter Fahrt auf der Autobahn („Mehr Kraft als Sie brauchen“). Die Autobahn ist fast leer. Für eine solche Aufnahme genügte in den fünfziger Jahren ein beliebiger Sonntagvormittag. Schon zwanzig Jahre später hätte es ein früher Sommersonntagmorgen sein müssen, und 40 Jahre weiter hätte man wohl die Autobahn sperren müssen, um das Bild in den Kasten zu bekommen...

Coupé / Cabriolet

„Darum werden diese modernen Wagen in ihrer harmonischen Verbindung von Schönheit, Stärke und Geräumigkeit mit Recht als Spitzenprodukte ihrer Klasse angesehen“. Mit diesen selbstbewußten Worten schließt der Einleitungstext des Prospektes für Coupé und Cabriolet. Der Stern ist in sanftem Blau unterlegt, in Rot schließt der legendäre Werbespruch „Ihr guter Stern auf allen Straßen“ das erste Blatt des Druckwerkes. Es ist im Stil entsprechend dem der ersten 220 aufgemacht. Der kartonierte Einband ist in Braun gehalten, die Typenbezeichnung auf einem schwarzen Feld in Weiß eingefügt, der Schriftzug „Mercedes-Benz“ verläuft in Hellbraun senkrecht über das Titelblatt, der Stern prangt in Schwarz.

Das Element der Zeichnung dominiert, nur einzelne Details sind mittels Schwarz-weiß-Fotos dargestellt. Auf der ersten Doppelseite präsentiert sich ein Coupé „im Stil zeitloser Eleganz“, ganz in Schwarz, teilweise auf lila Grund, teilweise auf weißem, in exakter Seitenansicht. Zylinderhut, Fernglas und ein vornehmer Gehstock verkörpern blaß im Hintergrund das elitäre Umfeld der Besitzer. Sehr wirkungsvoll ist der optische Schlußpunkt, die vergrößerte Darstellung der Rückleuchteneinheit. „Er ist kostbar durch Qualität und Wertbeständigkeit, temperamentvoll in der Leistung, überzeugend in seinen Fahreigenschaften und behaglich in seiner Ausstattung.“ ... „In seiner äußeren Erscheinung verkörpert dieser Wagen den Typ des Automobils, dessen klare Linien – unberührt von modischen Einflüssen – immer modern bleiben.“ So wird der Wagen gefeiert, und kaum ein Betrachter wird nach dem Genuß dieser Doppelseite anderer Meinung gewesen sein.

Nach dem Umblättern bietet sich diesmal nicht die Fahrer-, sondern die Einstiegsperspektive. Fast kann man den Eindruck gewinnen, daß das feine Holz des Armaturenbretts nur auf Berührung durch den faszi-

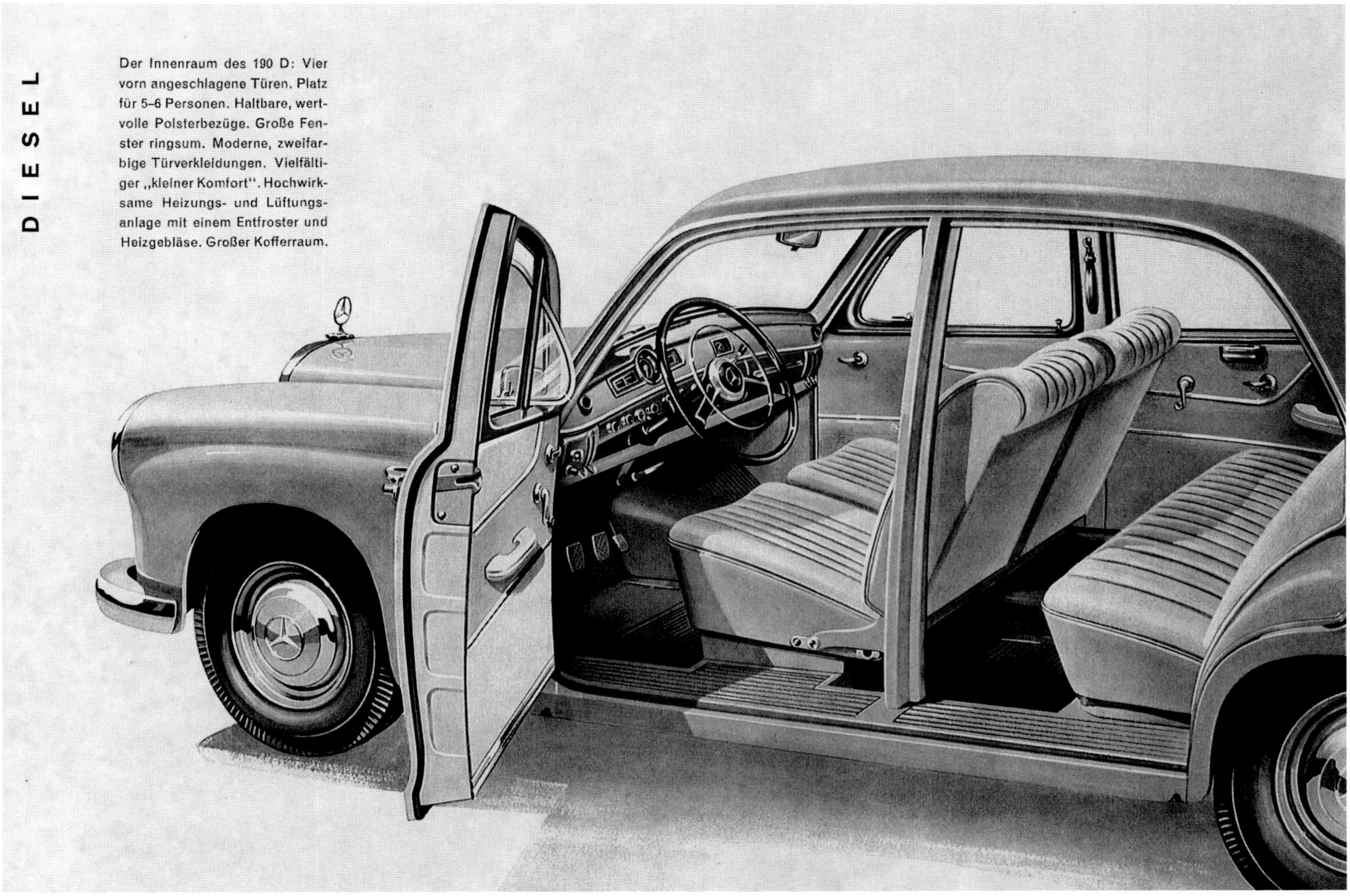

Für die damaligen Verhältnisse waren die Raumverhältnisse der Vierzylindermodelle durchaus ansprechend.

Leicht und elegant zu fahren

Sie wünschen sich einen Wagen, der auch im dichtesten Verkehr leicht und darum sicher zu fahren ist. Der Mercedes-Benz Typ 219 ist so folgsam und gehorcht so präzise, daß Sie jede Situation des Verkehrs wirklich mühelos meistern. Schnell sein, ohne rasen zu müssen, sicher sein, ohne Zeit zu verlieren, das ist Ihr Gewinn am Steuer des 219. Die Bedienung der Lenkung, der Pedale und der Schaltung des zwangsvollsynchronisierten Getriebes macht Ihnen Freude, so leicht ist sie. Das elegant geschwungene Armaturenbrett enthält in klarer Anordnung Bedienungsknöpfe für Licht, Scheibenwischer, elektrischen Anlasser, Startknopf, Instrumentenbeleuchtung, Zigarrenanzünder und den Schalter für das zweistufige Entfrostergebläse. Das übersichtliche Kombi-Instrument enthält Skalen für Kraftstoff, Geschwindigkeit, Öldruck und Kühlwassertemperatur sowie Kontrolleuchten für Blinker, Starter und Fernlicht. Aschenbecher, Zeituhr, großer Handschuhkasten und ein zweites Ablagefach runden die Ausstattung ab. Mit den Hebeln rechts und links am Armaturenbrett läßt sich – für Fahrer und Beifahrer getrennt – die vorbildlich wirksame Heizung und Lüftung regulieren.

Als weitere Bereicherung des Fahrkomforts steht Ihnen – auf Sonderwunsch – ein völlig ruckfreier hydraulischer Kupplungsautomat, der Hydrak, zur Verfügung, der das Kupplungspedal überflüssig macht. Sie haben also nur noch das Gas- und das verbreiterte Bremspedal zu bedienen. Näheres finden Sie in dem Mercedes-Benz-Sonderprospekt »Hydrak«.

Oben: Der 219 von seiner besten Seite . . .

Beim Wagen mit Hydrak entfällt das Kupplungspedal; an dessen Stelle tritt das verbreiterte Bremspedal.

Luft und Sonne genießen Sie in diesem schönen Wagen doppelt, wenn Sie sich für die etwas teurere Ausführung mit dem großen Schiebedach entscheiden. Die Stabilität der Konstruktion des 219 erlaubt es ohne weiteres, serienmäßig ein besonders großes Schiebedach einzubauen, das leicht zu öffnen und sicher zu verschließen ist.

Für Ihren 219 stehen Ihnen neben den 5 Serienfarben auf Sonderwunsch nahezu alle ein- und zweifarbigen Lackierungen zur Verfügung.

Unten: Stilvolle Einladung, in die vornehme Welt des 220 S einzutreten.

Eleganz in Form und Farbe

Schönheit der Karosserie und geschmackvolle Farben geben dem Typ 220 S seine Eleganz, die noch im kleinsten Detail ihren Ausdruck findet. Der Wagen fasziniert durch seine Erscheinung ebenso wie durch seine Leistung. Ob Ihr 220 S mit der souveränen Ruhe verhaltener Kraft über die Straßen rollt oder sich die großen Kraftreserven seiner Maschine blitzschnell entwickeln – die Harmonie von Form und Bewegung gibt Ihnen im Typ 220 S ein Gefühl, das mehr besagt, als nur Auto zu fahren. Was die Form prägt, soll die Farbe vollenden. Und hier spricht Ihr Wunsch das letzte Wort, denn Sie wählen und kleiden Ihren Wagen nach Ihrem Geschmack. Neben den 5 Serienfarben stehen auf Sonderwunsch nahezu alle ein- und zweifarbigen Lackierungen zur Verfügung. Diese Eleganz von Form und Farbe aber ist auf der umfassenden Sicherheit und der behaglichen Geborgenheit gegründet, die Ihnen der Mercedes-Benz 220 S bietet.

nierten Interessenten wartet. Das folgende Doppelblatt bringt den Höhepunkt der gedruckten Einführung in das Nobelauto: Ein Cabrio in der klassisch gewordenen Farbkombination hellblau/beige steht auf der Doppelseite teils auf gelbem, teils auf weißem Grund, wieder in exakter Seitenansicht, natürlich mit heruntergelassenem Verdeck. Entgegengesetzt und vergrößert kommt eine Dame ins Bild, lässig am Lenkrad des Cabrios sitzend. Hintergrund bilden hier sportliche Attribute: Tennisausrüstung und ein Golfschläger. Wer nun noch nicht Platz nehmen will, auf den wartet das nächste Bild: der Innenraum bei geöffnetem Verdeck, wieder ein Motiv nach dem Motto „Einsteigen und Losfahren". Separat abgebildet sind die Maßkoffer für den Stauraum über der umgelegten Rückbank und die Pedalerie eines Wagens mit Hydrak-Ausrüstung. Ein Blatt weiter zeigt sich das Cabrio mit geschlossenem Verdeck. Das ist in Cabrio-Prospekten sehr selten, denn im allgemeinen sehen sie geschlossen überhaupt nicht mehr elegant aus, so daß dieser Anblick lieber verheimlicht wird. Entgegengesetzt steht ein Coupé, zur Wegfahrt bereit. Es folgen auf den restlichen Seiten farblich sehr schön abgesetzte Technikzeichnungen.

Diese 20 Seiten sind Stoff zum Träumen, auch für diejenigen, die nie an den Kauf eines solchen Autos denken konnten (und heute denken können, denn gerade Coupé und Cabriolet sind in der Ponton-Baureihe die edelsten Oldtimer geblieben). Es fällt auf, daß Mercedes spätere Prospekte dieser beiden Fahrzeuge nur im Umschlag an die Werbeschriften der übrigen Modelle angeglichen hat. Die Betonung größerer Sachlichkeit wie selbst bei 220 S und SE fällt bei Coupé und Cabriolet weg. Noch 1960 sieht der Prospekt innen so aus wie 1956. Es sollte ein Auto zum Träumen bleiben.

180

Es ist nicht anders zu erwarten: In den Prospekten für 180b und 180 Db geht es viel nüchterner zu. Nicht nur, weil seit der Premiere von Coupé und Cabriolet drei Jahre ins Land gegangen waren, sondern auch, weil das Publikum für dieses Auto ein völlig anderes war. Natürlich ist etwa der Diesel „weltberühmt für seine Wirtschaftlichkeit". Klare Gliederung der Seiten mit Fotos, zum Teil nachkoloriert, und knappe Texte geben sachliche Auskunft über Fahrerplatz, Innenraumverhältnisse und – immerhin ein wenig Luxus – die Maßkoffer. Mit schönen Sprüchen konnte man eine praktisch denkende Kundschaft nicht überzeugen. Die Botschaft allerdings ist dieselbe: Der Prospekt schließt mit dem Satz: „Sie werden Freude daran haben!"

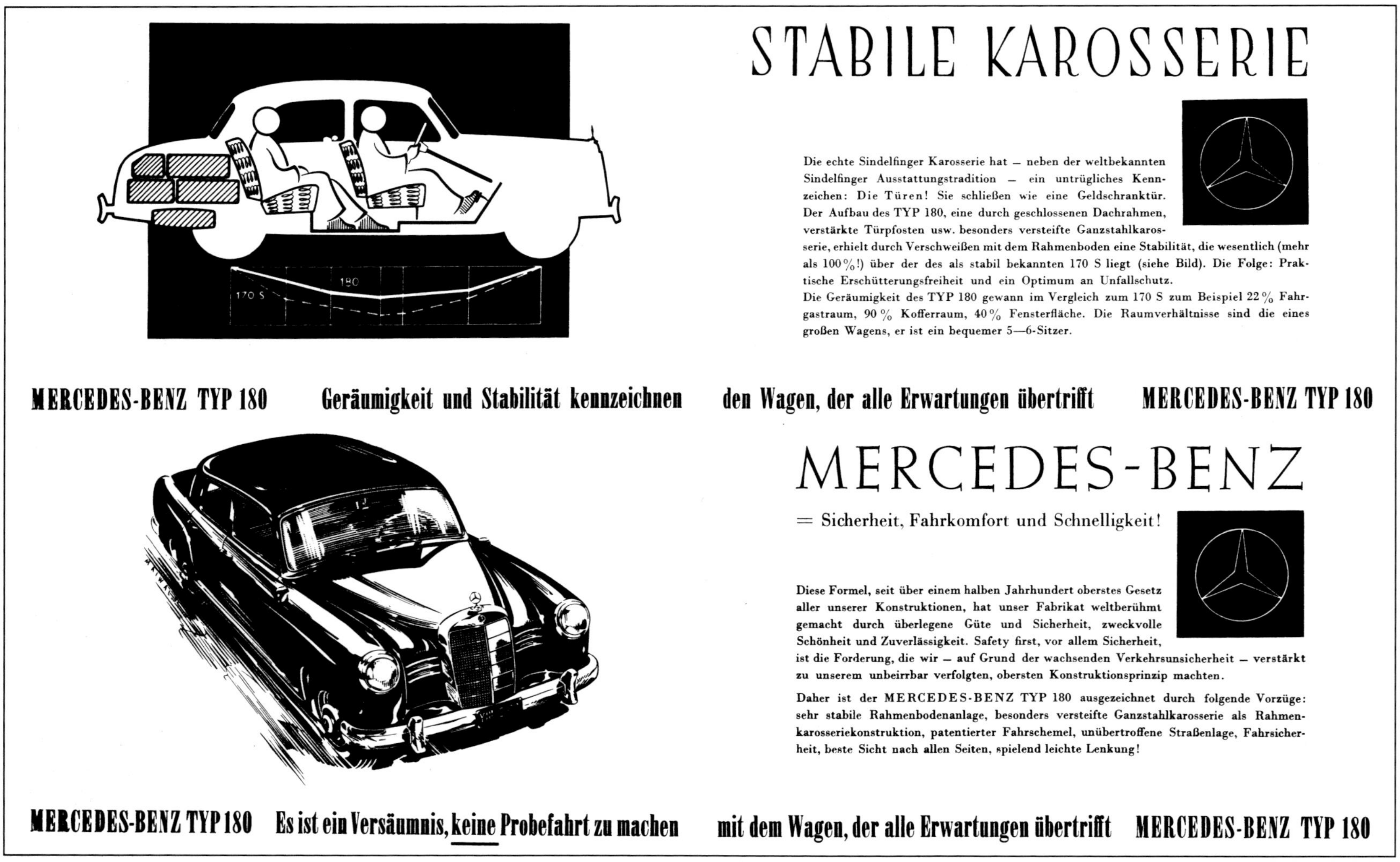

Von verfeinerter Verkaufspsychologie konnte Mitte der fünfziger Jahre noch keine Rede sein.

Das Liebhaberstück

Zur Faszination der Ponton-Baureihe trägt zweifellos das breite Einsatzspektrum dieser Autos bei: Unauffällige Alltagswagen bietet sie neben echten Raritäten. Unter den Freunden klassischer Autos haben beide Arten ihre Anhänger. Nicht nur des wesentlich günstigeren Preises wegen konzentrieren sich viele zunächst auf die in großer Stückzahl produzierten Alltagsautos von gestern. Es schwingt auch ein Stück Faszination mit, wenn man etwa einen „Kilometermillionär" sein eigen nennt, ein Auto, das möglicherweise noch vor wenigen Jahren im Alltag oder zum Broterwerb diente. Mit der Wirkung der Fahrzeuge nach außen verhält es sich ebenso: Zum 180 D haben die Menschen eher eine Beziehung, weil eine größere Zahl ihn gefahren oder als Mitfahrer erlebt hat als dies beim 220 Cabrio der Fall ist.

Wer sich um den Ponton von Mercedes kümmert, hat stets die Auswahl zwischen Alltag und Feiertag. Die Sorgen mit den Autos sind oft dieselben, auch wenn etwa ein Taxi weit stärker strapaziert wurde als ein Coupé oder Cabrio. Die „Mercedes-Benz Interessengemeinschaft Ponton Hecklosse und Folgegenerationen", kurz IG Ponton, hilft mit Tips zur Restaurierung und Teilebeschaffung weiter und weist auf die Schwachpunkte hin. Daß auch ein Mercedes solche hat, bestreitet selbst der begeistertste Sammler nicht. Auf der Suche nach Rost schauen erfahrene Kaufinteressenten bei den Limousinen zuerst bei den Querblechen hinter den Kotflügeln, den Lampentöpfen, unter den Rückleuchten und in den Türsäulen nach. An der Rahmenbodenanlage ist es die Schnittstelle von vorderen Holmen und Querrohr, die besondere Beachtung verdient. Die Schwellen im Bereich der A- und B-Säule können Probleme bereiten. Die Aufnahmen der hinteren Stoßdämpfer sind so etwas wie ein Pferdefuß der Pontons. Zwei kleine Dome als Gegenlager der Dämpfer und Federn sind anfällig, eine Reparatur kompliziert. Weitere Punkte ließen sich aufzählen – der Batteriekasten, in den Radkästen die Nahtstellen vom Rahmen zu den Preßteilen –, zu den schweren Fällen unter den klassischen Autos zählen die Pontons aber nicht. Eine Reihe von Teilen befindet sich sogar noch in Werksbeständen und in mancher Mercedes-Werkstatt sind die Alltagsautos von einst durchaus noch vertraut. Andernfalls helfen die Clubs, die Situation ist insgesamt relativ unproblematisch.

Damit dies so bleibt, hat Mercedes-Benz im Mai 1993 das Oldtimer-Center in Stuttgart-Fellbach in Betrieb genommen. Die Versorgung mit Original-Ersatzteilen in Zusammenarbeit mit den Clubs ist die

Bilder aus dem Archiv der Mercedes-Benz IG: Kein Weg ist den Pontonfreunden zu beschwerlich, wenn es um die Rettung eines Fahrzeuges geht.

Lohn aller Mühen sind die Ausfahrten, hier IG-Mitglieder bei einer Nordlandfahrt.

Hier bleibt noch viel zu tun.

Vorbildlich restaurierte Autos sammeln Plaketten.

hauptsächliche Aufgabe dieser in der Welt bisher einmaligen Einrichtung. Sie bietet den Besitzern von Mercedes-Klassikern den attraktiven Service, über das Oldtimer-Center bei den Teileherstellern Bestellungen aufzugeben. Auch an Nachfertigungsaktionen ist gedacht. Das Center, in einer ehemaligen Fabrik untergebracht, hat außerdem genügend Platz, um Vollrestaurierungen durchzuführen und einige wertvolle Stücke auszustellen. Die Mercedes-Benz AG hat 1993 ausgerechnet, daß weltweit rund 320 000 Autos mit dem Stern existieren, die als Oldtimer eingestuft werden können. Noch in den siebziger Jahren war man von rund 25 000 ausgegangen, zur Jahrtausendwende sollen es eine Million sein! Zusammen mit dem weltberühmten Museum und der international anerkannten Arbeit des Archivs – beides in Untertürkheim – dient das Oldtimer-Center zugleich der Betreuung jener besonders treuen Kundschaft der Liebhaber klassischer Mercedes und der allgemeinen Image-Pflege der Firma.

Nach dem Oldtimer-Katalog 1994 ist die Preissituation stagnierend und bewegt sich beim 180/180 D je nach Zustand zwischen 7500 und 19 500 DM, beim 190/190 D zwischen 8000 und 20 500 DM, beim 220, 220 S und 220 SE zwischen 11 000 und 28 000 DM, beim 219 zwischen 10 000 und 25 000 DM und bei Coupé/Cabriolet immerhin zwischen 28 000 und 100 000 DM. Wesentlich niedriger als diese Stars der Baureihe wird übrigens der wunderschöne 190 SL eingeschätzt, nämlich mit Preisen zwischen 20 000 und 55 000 DM.

Rund um die Fahrzeuge mit dem Stern entwickeln sich schon lange Zeit zahlreiche Aktivitäten. Das Werk, den Oldtimerfreunden auch schon vor Gründung des Centers zugetan, sah sich deshalb Ende der achtziger Jahre veranlaßt, die Zusammenarbeit mit den Clubs neu zu strukturieren. Es trat direkt in Kontakt mit sieben Clubs, die als offiziell anerkannt gelten, zwei weitere kamen inzwischen hinzu. Es sind dies der Mercedes-Veteranenclub für alle Fahrzege bis 1953 (beziehungsweise in Rahmenbauweise), die IG Ponton Heckflosse und Folgegenerationen, der Mercedes-Benz-300-SL-Club, der Mercedes-Benz-190-SL-Club, der Mercedes-Benz-SL-Club „Pagode", der Mercedes-Benz R/C 107 SL-Club sowie der Mercedes-Benz-Modellauto-Club (MBMC). Neu sind der Unimog Veteranen Club (UVC) und der Mercedes-Benz Kompressor-Club. Auch andere Clubs sind unter dem Markenzeichen Mercedes-Benz tätig, zählen aber nicht zu den vom Werk anerkannten Vereinigungen. Letztere geben zusammen die erstklassig gemachte Zeitschrift MBC („Mercedes-Benz-Clubs in Deutschland")-Magazin heraus. Auch Einzelclubs haben eigene, professionell gemachte Zeitschriften, zum Beispiel die Modellautosammler das „MBMC-Journal" und die IG Ponton den „Ponton-Kurier".

Schon aus dem vollständigen Namen der IG Ponton geht die Bedeutung des Clubs hervor. Das Betätigungsfeld wächst ständig an, der Folgegenerationen gibt es schließlich genug. Zu den Weihen des klassischen Automobils hat es bereits die Baureihe 105/106 (Mercedes 250 S bis 300 SEL 6.9, Baujahr 1965 – 1972) gebracht. Welche sind die nächsten? Der W 115 (Mercedes 200 bis 280 E der Baujahre 1967 bis 1976) und die S-Klasse der Baureihe W 116 (1972 – 1979) könnten bald an die Reihe kommen.

Die Liebe zum Ponton hatte einst das Leben im Club erblühen lassen. Wer sich bei einem Mercedes-Club bestsituierte Herrschaften in weißen Handschuhen und mit dem obligatorischen Glas Sekt in der Hand vorstellt, der irrt sich hier. Der Gast erlebt die IG Ponton als einen Club, dessen Mitglieder mit beiden Beinen auf dem Boden der Realität stehen und sich nicht aufgrund ihrer klassischen Autos für Stars halten. Auch hier wirkt sich wohl aus, daß „Brot und Butter"-Autos neben exklusiven Cabrios in einer Reihe stehen.

Einige Mitglieder haben es szenenintern zu einem gewissen Bekanntheitsgrad gebracht, wie etwa die passionierte Sammlerin Inge Hahlbohm, genannt „Ponton-Inge". Sie kennt rund um den Stern von Untertürkheim Gott und die Welt und läßt ihre nimmermüde Aktivität in eine Privatsammlung von Museumsqualität einmünden. Andere befassen sich mit Typenkunde, Ersatzteilbeschaffung, der Redaktion der qualitätsvollen Zeitschrift „Ponton Kurier" oder eben einfach nur mit ihrem Ponton. Die meisten Autos der Clubmitglieder sind keine Schönwetterautos, sondern werden, bei aller Rücksichtnahme auf strapaziertes Material, immer wieder hervorgeholt. Darauf legen Freunde des Ponton wert. Die meisten der heute noch registrierten rund 2900 Ponton-Fahrzeuge werden von den Mitgliedern der IG gefahren, auch im Alltag, und gepflegt.

Folgende Seite:
Clubtreffen: drei Gesichter verschiedener Epochen...
... und drei Heckansichten.

HB 06222
HD-M 220

220 S
HD-M 220
HB 06222

ADRESSEN DER MERCEDES-BENZ-CLUBS IN DEUTSCHLAND
(Stand der Kontaktadressen: Sommer 1993)

Mercedes-Benz Veteranen Club von Deutschland e.V.
Rheingaustraße 21
68526 Ladenburg

Mercedes-Benz Interessengemeinschaft e.V. Ponton Heckflosse Folgegenerationen
Geschäftsstelle
Wolfgang Knauth
Bergstraße 16
57211 Kreuztal-Ferndorf

Mercedes-Benz 300 SL-Club e.V.
Postfach 1117
89584 Ehingen (Donau)

Mercedes-Benz 190 SL-Club e.V.
Wetteraustraße 97
61169 Friedberg

Mercedes-Benz R/C 107 SL-Club von Deutschland
Schönauer Bach 11
52072 Aachen

Mercedes-Benz Modellauto-Club e.V. (MBMC)
Reichenhaller Straße 53
70372 Stuttgart

Mercedes-Benz Kompressor-Club e.V.
Heubergstraße 35
70188 Stuttgart

Unimog Veteranen Club (UVC)
Hagelstraße 5
49545 Tecklenburg

QUELLEN

BÜCHER
Mayer, Hans W., Die deutschen Cabriolets 1945 bis heute, Stuttgart, 1984
Mercedes-Benz AG (Hrsg.), Das Werk Sindelfingen, Sindelfingen, 1990
Oswald, Werner, Mercedes-Benz Personenwagen 1886—1986, Stuttgart, 1987
Röcke, Matthias, Das große Mercedes-Heckflossen-Buch, Königswinter, 1990
Röcke, Matthias, Das große Mercedes-S-Klasse-Buch, Königswinter, 1991
Wiese, Ernst, Rollbahn Amerika, Wien, ca. 1957

EINZELMANUSKRIPTE
Roland Rittmann, Hans Liska — ein Künstler und seine Stern-Stunden, 1984

ZEITSCHRIFTEN
Das Auto Motor und Sport, Stuttgart (verschiedene Ausgaben)
Die Automodelle/autokatalog, Stuttgart (verschiedene Ausgaben)
Markt, Wiesbaden (verschiedene Ausgaben)
Motor Revue, Frankfurt (verschiedene Ausgaben)
Motor Klassik, Stuttgart (verschiedene Ausgaben)
MBC Magazin 92/93
Oldtimerkatalog, Königswinter, 1993
Ponton-Kurier 2/90

ANDERE UNTERLAGEN
Material aus dem Archiv Daimler-Benz AG (Archiv Geschichte Museum), Stuttgart-Untertürkheim
Werksprospekte aus der Sammlung Motor Archiv Kurt Krulik, 46539 Dinslaken-Hiesfeld
Technische Unterlagen und Statistiken von Helmut Baaden, 56235 Ransbach-Baumbach
Literaturarchiv Matthias Röcke, 53424 Remagen

FOTONACHWEIS
Die Fotos dieses Buches stammen von:
Heinz-Toni Sesterheim, 54518 Leimbach
Daimler-Benz-Werksarchiv (Archiv Geschichte Museum), Stuttgart-Untertürkheim
Film- und Fotoabteilung EP/PITD, Mercedes-Benz AG, Sindelfingen
Archiv der Mercedes-Benz IG
Pressestellen Binz, Faller, Miesen, Pollmann, Rappold

Kunstobjekt

Fernweh ist dann besonders groß, wenn die Chance zu einer Traumreise besonders klein ist. In der ersten Hälfte der fünfziger Jahre war sie in der Bundesrepublik Deutschland und auch in anderen europäischen Staaten besonders klein. Fernweh wurde deshalb notgedrungen anders gestillt. Reiseberichte in Buchform und als Zeitschriftenbeitrag hatten Hochkonjunktur, von Campingtips für die eigene Schwarzwaldrundfahrt bis zur Traumreise um die Welt. In den Bibliotheken – sie wurden intensiv genutzt, denn nicht jedes Buch war für jedermann bezahlbar – reihten sich Abenteuergeschichten vom Schlage „Ich radle um die Welt" oder „Mit dem Mercedes durch die Wüste" aneinander. Und im Kino lief der Film „Die Traumstraße der Welt". Ein Dokumentarfilm zu den Menschen, Tieren und Landschaften des amerikanischen Kontinents. Schöne Bilder in Farbe, kommentiert vom begeisterten Weltenbummler, zogen noch Massen in die Kinos. „Die Traumstraße der Welt", jene Reise von Nord nach Süd durch den ganzen amerikanischen Kontinent, von Alaska nach Feuerland, war ein Kinohit.

Kurze Zeit später befuhr die berühmte Route im fernen, von den Menschen in Europa so sehr bewunderten Amerika eine Mercedes-Besatzung. „Rollbahn Amerika" hieß das davon berichtende Buch des Reisejournalisten Ernst Wiese. Zusammen mit einer Fotografin hatte er im 180 D rund 50 000 Kilometer zurückgelegt, dabei alle Arten von Straßen erlebt und eine Fülle von Abenteuern. Das Buch enthält, obwohl eine Unzahl von Fotos gemacht wurden, nur wenige Bilder – Fotokosten waren in der Buchherstellung schon immer ein gewichtiger Posten –, aber es spiegelt durch lebendige Erzählweise die Abenteuerlust und die Sichtweise der Menschen damals wider. Und es berichtete nebenbei über die Zuverlässigkeit eines Autos. Der 180 D – Daimler-Benz hatte die Fahrt wohlwollend unterstützt, mit solchen Aktionen wurde seinerzeit gerne die Werbetrommel gerührt – war gut geeignet für die große Fahrt. Bequem genug für 50 000 Kilometer – trotz Amerika überwiegend über schlechte Straßen –, geräumig genug für Gepäck, Sandbleche und ein transportables Fotolabor, aber auch robust genug für extreme Belastungen. Gerade auf Interessenten der Diesel-Version dürfte der Bericht aus Amerika überzeugend gewirkt haben. Der Autor von „Rollbahn Amerika" geht auf die Technik seines Mercedes kaum ein, er spricht immer nur vom „braven" und vom „tapferen" Mercedes, der der Crew keine wesentlichen Schwierigkeiten machte. Und das war die Botschaft, die sowohl das Werk wie das fernwehgeplagte Publikum gern hörte.

Es ist kein Zufall, daß häufig Reisemotive die Prospekte zierten. Schließlich sollte das neue Auto die ersehnte Reise erst möglich machen. So weit bei Mercedes dafür keine Fotos verwendet wurden, kam häufig der Maler Hans Liska zu Ehren. Sammler suchen heute (meist vergeblich) nach Exemplaren eines der vier Liska-Alben, die der Künstler während seiner Zusammenarbeit mit Daimler-Benz anfertigte. 1993 hat das Werk die Herausgabe von Reprints angekündigt. Aktuell waren diese Bilder zwischen 1950 und 1959, die drei Bildbände erschienen 1951 („Geschichte des Automobils"), 1953 („Auto und Mode") und 1955 („Den Herzen hinter dem Stern"). Zwei Jahre später folgte der Band „Fahren und Erleben", ein Buch für die Freunde des Hauses. Thema war hier die Schilderung in Wort und Bild einer Autoreise durch Deutschland. Schöne Landschaften und kulturelle Sehenswürdigkeiten prägten dieses eindrucksvolle Werk. Liska pflegte einen realistischen Stil mit dem Effekt, eine Momentaufnahme herzustellen, mitten aus einer Bewegung heraus, ganz ähnlich einer Fotografie. Seine Bilder wirken aber nicht erstarrt wie in vielen Fällen das Foto, sondern bei weichen Konturen sehr lebendig. Man hat den Eindruck, die Figuren und die Autos würden sich im nächsten Augenblick in Bewegung setzen. Wenn er auch Elemente der Fotografie verwendet, so gelingt Liska mit der Vermischung der Motive zusätz-

Typisch für das Erscheinungsbild vieler Mercedes-Benz-Druckwerke war die Verwendung von Liska-Zeichnungen.

lich eine eigene Ausstrahlungskraft. Zum Beispiel die Darstellung im Band „Den Herzen hinter dem Stern" über die Belegschaft: Vier Mitarbeiter – Vater, Söhne und Enkel, sämtlich in Daimler-Benz-Diensten – stehen nebeneinander, der Vater auf ein Auto seiner Epoche gestützt (einem Mercedes Knight 16/40 PS von 1911 sehr ähnlich), der Stift aus dem Jahre 1955 läßt seine Hand lässig über den Kotflügel eines 300 SL streifen. Die vier unterscheiden sich außerdem in Haar- und Barttracht sowie in der Bekleidung.

Ein anderes Beispiel: zwei Reihen von Taxen in Berlin, links vom Typ 28/95 PS (1914 – 1915), rechts vom 180 D. Kleine, versteckte Gags machen dem Betrachter Freude, zum Beispiel der Verkehrspolizist, der von seinem Podest aus einen vorbeifahrenden Mercedes-Oldtimer fotografiert.

Oder die Boxszene auf der Plattform eines Mercedes-Lastwagens, bei der der Getroffene (Mercedes-)Sterne sieht. Sehr persönlich ist außerdem das Stilmittel, die Bilder mit provisorisch wirkenden, handschriftlichen Unterschriften zu versehen. Die „Herzen hinter dem Stern" hat der inzwischen verstorbene Hans Liska voll getroffen, bis heute halten die Mercedes-Freunde das Andenken an ihn in Ehren.

Folgende Doppelseite:
Mit Hans Liska auf Reisen. In diesem Falle gab es sogar ein Pressefoto mit einem Motiv des Malers.

BA-A 525

Technische Daten und Statistik

	180 (W 120 I) 7/53-6/57	190 (W 121 I) 3/56-8/59	180a (W 120 II) 6/57-7/59
MOTOR	Vierzylinder-Reihenmotor, wassergekühlt, hängende Ventile, obenliegende Nockenwelle; W 120 I: seitlich stehende Ventile, seitliche Nockenwelle), Antrieb durch Duplexkette, dreifach gelagerte Kurbelwelle		
Motorentyp	M 136 VII	M 121 BI	M 121 B IV
Hubraum in ccm	1767	1987	1987
Bohrung × Hub in mm	75×100	85×83,6	85×83,6
PS bei U/min	52/4000	75/4600	65/4500
max. Drehmom. mkg bei U/min	11,4/1800	13,9/2800	13,0/2200
Verdichtung	6,7:1	7,5:1	6,8:1
Gemischaufbereitung	1 Fallstromvergaser	1 Registerfallstromvergaser	1 Fallstromvergaser
Batterie	6 V 70 Ah (9/55: 84 Ah)	12 V 56 Ah	12 V 56 Ah
Lichtmaschine	130 W (9/55: 160 W)	160 W	160 W
KRAFTÜBERTRAGUNG	Antrieb auf die Hinterräder, Einscheibentrockenkupplung, Lenkradschaltung		
Getriebeübersetzung 1. Gang 2. Gang 3. Gang 4. Gang Achsantrieb	 4,05 2,28 1,53 1,00 3,89	 4,05 2,38 1,53 1,00 4,10	 4,05 2,38 1,53 1,00 3,90
KAROSSERIE/FAHRWERK	Selbsttragende Karosserie, vorn Doppelquerlenker, Schraubenfedern, Stabilisator, hinten Eingelenk-Pendelachse, Schubstreben, Schraubenfedern (W 120 I bis 9/55: Pendelschwingachse)		
Lenkung Übersetzung	Kugelumlauf 18,5:1	Kugelumlauf 18,5:1	Kugelumlauf 18,5:1
Bremsen	Vier Trommelbremsen	Vier Trommelbremsen	Vier Trommelbremsen
MASSE UND GEWICHTE			
Radstand Spurw. v. mm Spurw. h. mm Gesamtmaße/Länge/Höhe/Breite in mm Reifengröße Wendekreis m	2650 1430 1475 4485/1740/1560 6,40–13 11,5	2650 1430 1475 4485/1740/1560 6,40–13 11,5	2650 1430 1475 4485/1740/1560 6,40–13 11,5
Leergewicht in kg Zulässiges Gesamtgewicht in kg Tankinhalt l	1180 (9/55: 1200) 1600 56	1240 1650 56	1210 1615 56
FAHRLEISTUNGEN			
(Werksangaben) max. Geschw. km/h	 126	 139	 136
Beschl. 0-100 km/h in Sekunden	31	20,5	21
Verbrauch l auf 100 km	11,5	11,5 S	10,5

	190b (W 121 III) 6/59—8/61	180b (W 120 III) 7/59—8/61	220a (W 180 I) 3/54—4/56
MOTOR	Vierzylinder-Reihenmotor, wassergekühlt, hängende Ventile, obenliegende Nockenwelle, Antrieb durch Duplexkette, dreifach gelagerte Kurbelwelle		Sechszylinder-Reihenmotor, hängende Ventile, obenliegende Nockenwelle, Antrieb durch Duplexkette, vierfach gelagerte Kurbelwelle
Motorentyp	M 121 BI	M 121 BIV	M 180 II
Hubraum in ccm	1987	1987	2195
Bohrung × Hub in mm	85×83,6	85×83,6	80×72,8
PS bei U/min	80/4800	68/4400	85/4800
max. Drehmom. mkg bei U/min	14,2/2800	13,2/2500	16/2400
Verdichtung	8,5:1	7,0:1	7,6:1
Gemischaufbereitung	1 Registerfallstromvergaser	1 Fallstromvergaser	1 Doppelfallstromvergaser
Batterie	12 V 56 Ah (9/55: 84 Ah)	12 V 56 Ah	12 V 52 Ah
Lichtmaschine	160 W (9/55: 160 W)	160 W	160 W
KRAFTÜBERTRAGUNG	Antrieb auf die Hinterräder, Einscheibentrockenkupplung, Lenkradschaltung		Antrieb auf die Hinterräder, Einscheibentrockenkupplung, Lenkradschaltung, ab 8/57 auf Wunsch Kupplungsautomat „Hydrak"
Getriebeübersetzung			
1. Gang 2. Gang 3. Gang 4. Gang Achsantrieb	4,05 2,38 1,53 1,00 4,10	4,05 2,38 1,53 1,00 3,90	3,52 2,35 1,52 1,00 4,11
KAROSSERIE/FAHRWERK	Selbsttragende Karosserie, vorn Doppelquerlenker, Schraubenfedern, Stabilisator, hinten Eingelenk-Pendelachse, Schubstreben, Schraubenfedern		
Lenkung Übersetzung	Kugelumlauf 18,5:1	Kugelumlauf 18,5:1	Kugelumlauf 21,4:1
Bremsen	Vier Trommelbremsen, hydraulisch	Vier Trommelbremsen, hydraulisch	Vier Trommelbremsen, hydraulisch, Servohilfe (W 180 I ab 5/55 auf Wunsch)
MASSE UND GEWICHTE			
Radstand Spurw. v. mm Spurw. h. mm Gesamtmaße Länge/Höhe/Breite in mm Reifengröße Wendekreis m	2650 1430 1475 4485/1740/1560 6,40—13 11,5	2650 1430 1475 4485/1740/1560 6,40—13 11,5	2820 1430 1470 4715/1740/1560 6,70—13 11,7
Leergewicht in kg Zul. Gesamtgewicht in kg	1240 1650	1210 1615	1300 1730
Tankinhalt l	56	56	64
FAHRLEISTUNGEN			
(Werksangaben) Höchstgeschwindigkeit km/h	144	136	150
Beschleunigung km/h in Sek. 0-100	19	21	19
Verbrauch l auf 100 Kilometer	11,5 S	10,5	13,5

	220 S (W 180 II) 3/56–9/59	219 (W 105) 3/56–7/59	220 SE (W 128) 4/58–9/59
MOTOR	Sechszylinder-Reihenmotor, hängende Ventile, obenliegende Nockenwelle, Antrieb durch Duplexkette, vierfach gelagerte Kurbelwelle		
Motorentyp	M 180 III	M 180 II	M 127 I
Hubraum in ccm	2195	2195	2195
Bohrung × Hub in mm	80×72,8	80×72,8	80×72,8
PS bei U/min	100/4800 (8/57: 106/5200)	84/4800 (8/57: 90/4800)	115/4800
max. Drehmom. mkg bei U/min	16,5/3500 (8/57: 17,5)	16/2400 (8/57: 17)	19/3800
Verdichtung	7,6:1 (8/57: 8,7:1)	7,6:1 (8/57: 8,7:1)	8,7:1
Gemischaufbereitung	1 Registerfallstromvergaser	1 Doppelfallstromvergaser	Bosch-Zweistempel-Einspritzpumpe (S: Registerfallstromvergaser)
Batterie	12 V 52 Ah (9/55: 12 V 56 Ah)	12 V 52 Ah (9/55: 12 V 56 Ah)	12 V 56 Ah
Lichtmaschine	160 W (9/55: 160 W)	160 W	240 W
KRAFTÜBERTRAGUNG	Antrieb auf die Hinterräder, Einscheibentrockenkupplung, Lenkradschaltung, ab 8/57 auf Wunsch Kupplungsautomat „Hydrak“		Antrieb auf die Hinterräder, Einscheibentrockenkupplung, Lenkradschaltung, auf Wunsch Kupplungsautomat „Hydrak“
Getriebeübersetzung			
1. Gang 2. Gang 3. Gang 4. Gang Achsantrieb	3,52 2,35 1,52 1,00 4,10	3,52 2,35 1,52 1,00 4,10 (8/57: 3,90)	3,52 2,35 1,52 1,00 4,11
KAROSSERIE/FAHRWERK	Selbsttragende Karosserie, vorn Doppelquerlenker, Schraubenfedern, Stabilisator, hinten Eingelenk-Pendelachse, Schubstreben, Schraubenfedern		
Lenkung Übersetzung	Kugelumlauf 21,4:1	Kugelumlauf 21,4:1	Kugelumlauf 21,4:1
Bremsen	Vier Trommelbremsen, hydraulisch, Servohilfe (W 105 auf Wunsch)		
MASSE UND GEWICHTE			
Radstand Spurw. v. mm Spurw. h. mm Gesamtmaße Länge/Höhe/Breite in mm Reifengröße Wendekreis m	2820 1430 1470 4715/1740/1560 6,70–13 11,7	2750 1430 1470 4680/1740/1560 6,40–13 11,5	2820 1430 1470 4715/1740/1560 6,70–13 11,7
Leergewicht in kg Zul. Gesamtgewicht in kg	1350 1790	1290 1710	1370 1810
Tankinhalt l	64	56	62
FAHRLEISTUNGEN			
(Werksangaben) Höchstgeschwindigkeit km/h	160	148	160
Beschleunigung km/h in Sek. 0-100	17	17	15
Verbrauch l auf 100 Kilometer	13,5	14,5 (8/57: 13,5)	13,5

	Coupé/Cabriolet 220 SE (W 128) 7/58–11/60 (S: W 180 II, 7/56–10/59)	180 D (W 120 I) 10/53–7/59	190 D (W 121 I) 8/58–7/59
MOTOR	Sechszylinder-Reihenmotor, hängende Ventile, obenliegende Nockenwelle, Antrieb durch Duplexkette, vierfach gelagerte Kurbelwelle	Vierzylinder-Reihenmotor, Vorkammer-Diesel, hängende Ventile, obenliegende Nockenwelle (W 120 I: Ventile und Nockenwelle seitlich)	
Motorentyp	M 180 III	OM 636 VII	OM 621
Hubraum in ccm	2195	1767	1897
Bohrung × Hub in mm	80×72,8	75×100	85×83,6
PS bei U/min	115/4800 (S: 100/4800, 8/57: 106/5200)	40/3200 (9/55: 43)	50/4000
max. Drehmom. mkg bei U/min	19/3800 (S: 16,5; 8/57: 17,5/3500)	10,3/2000	11/2200
Verdichtung	8,7:1 (S: 7,6:1; 8/57: 8,7:1)	19:1	21:1
Gemischaufbereitung	Bosch-Zweistempel-Einspritzpumpe (S: Registerfallstromvergaser)	Bosch-Einspritzpumpe	Bosch-Einspritzpumpe
Batterie	12 V 56 Ah	12 V 84 Ah	12 V 84 Ah
Lichtmaschine	240 W (S: 160 W)	160 W	160 W
KRAFTÜBERTRAGUNG	Antrieb auf die Hinterräder, Einscheibentrockenkupplung, Lenkradschaltung, auf Wunsch Kupplungsautomat „Hydrak“	Antrieb auf die Hinterräder, Einscheibentrockenkupplung, Lenkradschaltung	
Getriebeübersetzung			
1. Gang 2. Gang 3. Gang 4. Gang Achsantrieb	3,52 2,35 1,52 1,00 4,10 (8/57: 3,90)	4,05 2,38 1,53 1,00 3,70	4,05 2,38 1,53 1,00 3,70
KAROSSERIE/FAHRWERK	Selbsttragende Karosserie, vorn Doppelquerlenker, Schraubenfedern, Stabilisator, hinten Eingelenk-Pendelachse, Schubstreben, Schraubenfedern (W 120 I bis 9/55: Pendelschwingachse)		
Lenkung Übersetzung	Kugelumlauf 21,4:1	Kugelumlauf 18,5:1	Kugelumlauf 18,5:1
Bremsen	Vier Trommelbremsen, hydraulisch Servohilfe	Vier Trommelbremsen, hydraulisch	
MASSE UND GEWICHTE			
Radstand Spurw. v. mm Spurw. h. mm Gesamtmaße Länge/Höhe/Breite in mm Reifengröße Wendekreis m	2700 1430 1470 4670/1765/1530 6,70–13 11,4	2650 1430 1475 4485/1740/1560 6,40–13 11,5	2650 1430 1475 4485/1740/1560 6,40–13 11,5
Leergewicht in kg Zul. Gesamtgewicht in kg	1430 (Cabrio: 1470) 1815	1220 1650	1250 1660
Tankinhalt l	62	56	56
FAHRLEISTUNGEN			
(Werksangaben) Höchstgeschwindigkeit km/h	160	112 (9/55: 115)	126
Beschleunigung km/h in Sek. 0-100	15	39 (9/55: 37)	29
Verbrauch l auf 100 Kilometer	13,5	8,0 Diesel	8,5 Diesel

	180 Dc (W 120 III) **6/61–10/62**
MOTOR	Vierzylinder-Reihenmotor, Vorkammer-Diesel, hängende Ventile, obenliegende Nockenwelle
Motorentyp	OM 621
Hubraum in ccm	1988
Bohrung × Hub in mm	87×83,6
PS bei U/min	48/3800
max. Drehmom. mkg bei U/min	11/2200
Verdichtung	21:1
Gemischaufbereitung	Bosch-Einspritzpumpe
Batterie	12 V 86 Ah
Lichtmaschine	160 W
KRAFTÜBERTRAGUNG	Antrieb auf die Hinterräder, Einscheibentrockenkupplung, Lenkradschaltung
Getriebeübersetzung	
1. Gang 2. Gang 3. Gang 4. Gang Achsantrieb	4,05 2,38 1,53 1,00 3,70
KAROSSERIE/FAHRWERK	Selbsttragende Karosserie, vorn Doppelquerlenker, Schraubenfedern, Stabilisator, hinten Eingelenk-Pendelachse, Schubstreben, Schraubenfedern
Lenkung Übersetzung	Kugelumlauf 18,5:1
Bremsen	Vier Trommelbremsen, hydraulisch
MASSE UND GEWICHTE	
Radstand Spurw. v. mm Spurw. h. mm Gesamtmaße Länge/Höhe/Breite in mm Reifengröße Wendekreis m	2650 1430 1475 4485/1740/1560 6,40–13 11,5
Leergewicht in kg Zul. Gesamtgewicht in kg	1220 1660
Tankinhalt l	56
FAHRLEISTUNGEN	
(Werksangaben) Höchstgeschwindigkeit km/h	120
Beschleunigung km/h in Sek. 0-100	36
Verbrauch l auf 100 Kilometer	8,0 Diesel

PRODUKTIONSZAHLEN

Typ	1953	1954	1955	1956	1957	1958	1959	1960	1961	1962	Gesamt
180	4362	20 306	17 704	8464	1350	–	–	–	–	–	52 186
180a	–	–	–	–	4656	15 967	6730	–	–	–	27 353
180b	–	–	–	–	–	–	7314	14 384	7717	–	29 415
180c	–	–	–	–	–	–	–	–	4980	4300	9 280
190	–	–	–	16 001	22 578	15 791	6975	–	–	–	61 345
190b	–	–	–	–	–	–	6613	12 986	8864	–	18 463
Vierzylinder–Benziner zus.: (darunter 1745 Fahrgestelle)											**198 042**
180 D	11	15 532	20 345	21 013	22 910	26 693	9981	–	–	–	116 485
180 Db	–	–	–	–	–	–	8076	11 151	5449	–	24 676
180 Dc	–	–	–	–	–	–	–	–	4822	7000	11 822
190 D	–	–	–	–	–	5469	15 160	–	–	–	20 629
190 Db	–	–	–	–	–	–	13 709	29 116	18 484	–	61 309
Diesel zus.: (darunter 3908 Fahrgestelle)											**234 921**
220a	–	4178	19 348	2411	–	–	–	–	–	–	25 937
220 S	–	–	–	10 525	15 459	20 181	9114	–	–	–	55 279
219	–	–	–	5474	8505	9296	4570	–	–	–	27 845
220 SE	–	–	–	–	–	201	1773	–	–	–	1 974
Sechszylinder-Limousinen zus.: (darunter 14 Fahrgestelle)											**111 035**
220 S Coupé/Cabrio	–	–	–	297	1066	1280	786	–	–	–	3 429
220 SE Coupé/Cabrio	–	–	–	–	–	114	628	1200	–	–	1 942
Coupé/Cabrio zus.: (Cabrio 220 S: 2178, Cabrio 220 SE: 1112, Cabrio zus.: 3290)											**5 371**
PONTON-BAUREIHE ZUSAMMEN:											**549 369**

BESTANDSZAHLEN (Stichtag 1. 7. 1992)

180, 180a, 180b, 180c:	679
180 D, 180 Db, 180 Dc:	653
190, 190 b :	416
190 D, 190 Db :	467
220a, 220 S, Coupé, Cabrio:	507
219 :	88
220 SE, Coupé/Cabrio:	102
	2912

PREISE (Für die Bundesrepublik Deutschland, in DM, bei Einführung sowie bei Veränderungen)

	1953	1954	1956	1957	1958	1961	1962
180	9 950,–	9 450,–	8 760,–			8 950,–	9 350,–
180 D	–	10 300,–	9 850,–	9 450,–			9 850,–
190	–	–	9 450,–				–
190 D	–	–	–	–	9 950,–		
220a	–	12 500,–					
219	–	–	10 500,–				
220 S	–	–	12 500,–				
Cabriolet			21 500,–				
Coupé			21 500,–				
220 SE	–	–	–	–	14 400,–		
Cabriolet	–	–	–	–	23 400,–		
Coupé	–	–	–	–	23 400,–		

WIRTSCHAFTSDATEN

	Prod. PKW	Prod. Nutzf.	Prod. gesamt	Beschäft.	Umsatz AG in Mill.	Umsatz Konzern in Mill.	Reingewinn in Mill.
1953	34 975	16 685	51 660	35 073	631	876	6,8
1954	48 816	19 094	48 816	39 108	690	1054	8,1
1955	63 683	26 628	93 311	46 226	925	1435	8,9
1956	69 601	37 376	107 976	49 188	1020	1639	7,9
1957	80 899	42 952	123 851	53 585	1045	1791	8,6
1958	99 209	57 482	156 691	57 562	1185	2151	12,9
1959	108 440	62 598	171 038	63 432	1443	2471	21,6
1960	122 684	57 911	180 595	67 521	1721	2904	32,4
1961	137 431	57 074	194 505	71 114	1980	3276	37,8
1962	146 393	58 995	205 388	77 596	2283	3594	47,3
1963	153 182	63 912	217 094	76 930	2463	3809	57,6
1964	165 532	65 634	231 166	78 835	2686	4225	72,9
1965	174 007	66 331	240 338	81 845	2821	4474	85,1
1966	191 625	71 178	262 803	84 419	3039	5039	91,2
1967	200 470	59 518	259 988	79 832	3502	5058	91,2
1968	216 284	94 523	310 807	87 967	3033	5819	115,2
1969	256 713	146 104	402 817	99 006	5004	9590	129,2
1970	280 419	171 362	451 781	103 490	6473	11 675	140,6
1971	284 230	159 677	443 897	106 512	7239	12 740	162,0
1972	323 878	168 482	492 360	122 601	7396	13 951	171,0
1973	331 682	177 061	508 743	126 855	7908	15 450	170,6
1974	340 006	161 400	501 406	122 899	7560	16 958	177,8
1975	350 098	180 005	530 103	122 775	9250	21 008	202,0
1976	370 348	193 204	563 552	126 652	10 407	23 503	225,0
1977	401 255	187 298	588 553	131 807	11 719	25 864	228,0
1978	393 203	173 101	566 304	134 437	11 539	26 954	243,0
1979	422 159	188 000	610 159	141 401	12 938	27 367	270,3
1980	429 078	203 041	632 118	145 532	13 855	31 054	297,0
1981	440 778	196 076	636 854	148 341	13 577	36 661	304,0
1982	458 345	187 044	645 389	149 118	13 316	38 905	349,8
1983	476 183	157 418	633 601	151 273	15 177	40 005	355,2
1984	478 349	143 101	621 450	158 043	14 682	43 505	364,6
1985	541 039	143 387	684 426	186 652	18 709	52 409	643,9
1986	594 080	145 757	739 837	257 538	27 838	65 498	702,0
1987	598 079	144 648	742 727	262 658	28 064	67 475	701,6
1988	559 713	154 319	714 032	170 577	29 094	73 495	691,0
1989	542 160	157 187	699 347	223 219	29 562	76 392	560,0

Bis 1988 beziehen sich Beschäftigte und Umsatz der AG auf die Automobilproduktion im Inland. Mit Gesamtumsatz ist bis 1988 die Daimler-Benz AG einschließlich in- und ausländischer Beteiligungsgesellschaften gemeint, also auch einschließlich der ausländischen Nutzfahrzeugproduktion. 1989 beziehen sich die Zahlen der Mitarbeiter und des Umsatzes der AG auf den Unternehmensbereich Mercedes-Benz im Inland, der Gesamtumsatz auf den 1989 neu gebildeten Gesamtkonzern. Der Reingewinn (Bilanzgewinn) bezieht sich immer auf den Gesamtkonzern.

MODELLAUTOS (Auswahl)

Typ	Maßstab	Firma	Land	Jahr	Mat.	Ausstattung
180	1:30	Steha	D	1960	G	Sp
180	1:43	Tekno	DK	1960	MG	Sp
180	1:43	Walldorf	D	1980	MG	St
180	1:43	Modellauto Replicas	D	1990	MG	St
180	1:43	MoNoFe	D	1990	MG	St
180 Polizei	1:60	Siku	D	1955	P	Sp
180 Krankenw.	1:60	Siku	D	1955	P	Sp
180	1:43	Tomte	N	1960	G	Sp
180	1:50	–	China	1960	B	Sp
180	1:87	Wiking	D	1960	P	Sp; (versch. Ausf., unverglast u. verglast)
180 Krankenw.	1:87	Gollwitzer	D	1990	P	St, K
180	1:87	–	D	–	P	Sp (Werbung)
180 Taxi	1:160	MZZ	CH	1990	MG	St
220	ca. 1:16	Rico (Rex?)	E (D?)	1955	P, B	Sp,FK
220	1:16	Tipco	D	1955	B	Sp, FK, F
220 Cabrio	1:16	Tipco	D	1955	B	Sp, FK, F
220 Cabrio	1:18	Schuco	D	1958	B	Sp, FK (Control-Car)
220 Cabrio	1:18	Schuco	D	1959	B	Sp (Hydrocar)
220 Coupé	1:18	Schuco	D	1960	B	Sp, F (Rollfix)
220	1:20	Java	E	1960	P, B	Sp, F
220	1:20	Mignon	F	1960	P, B	Sp, F
220 Cabrio	1:20	Huki	D	1958	B	Sp, FK
220	1:24	Bandai	J	1960	B	Sp, F
220	1:32	Java	E	1960	P, B	Sp, F
220 Cabrio	1:43	Plumbies	GB	1978	MG	St, K (220 Coupé)
220	1:43	CIJ	F	1960	MG	Sp
220 Krankenw.	1:43	Tekno	DK	1960	MG	Sp; (versch. Ausf.)
220	1:43	MoNoFe	D	1990	MG	St
220	1:43	CLL	F	1990	P	Sp
220	1:43	CLL	F	1960	P	Sp
220	1:43	–	D	1955	P	Sp, F
220 S	1:43	Faller	D	1993	P	St
220	1:60	Siku	D	1960	P	Sp
220	1:70	Hammer	D	1957	P	Sp
220	1:87	Wiking	D	1956	P	Sp; (versch. Ausf.)
220 Coupé	1:87	Wiking	D	1958	P	Sp
220 Cabrio	1:87	Wiking	D	1958	P	Sp
220 Coupé	1:87	Schuco	D	1960	MG	Sp
180	1:87	Brekina	D	1993	P	St
220 Krankenw.	1:220	Siku	D	1958	P	Sp

B= Blech, P= Plastik, MG= Metallguß, G= Gummi, Sp= Spielzeug, St= Standmodell, K= Bausatz (Kit), F= Schwungrad (Friktion), FK= Fernlenkung Kabel,
Quelle: Roland Rittmann, MBMC

PRESSEVERÖFFENTLICHUNGEN (Auswahl)

Zeitschrift	Ausgabe/Jahr	Typ	Bemerkung
Das Auto Motor und Sport	19/53	180	Neuheitenvorstellung
Das Auto Motor und Sport	24/53	180	Test
Das Auto Motor und Sport	3/54	180 D	Neuheitenvorstellung
Das Auto Motor und Sport	6/54	180 D	Test
Das Auto Motor und Sport	6/54	220	Neuheitenvorstellung
Das Auto Motor und Sport	19/54	220	Test
Das Auto Motor und Sport	1/56	220a	Test
Das Auto Motor und Sport	10/56	Baureihe	Programmübersicht
Das Auto Motor und Sport	15/56	190	Test
Das Auto Motor und Sport	17/56	219/220 S	Test
Das Auto Motor und Sport	26/56	Baureihe	Programmübersicht
Das Auto Motor und Sport	17/57	Baureihe	Neuheitenvorstellung
ADAC Motorwelt	1/57	219	Test
ADAC Motorwelt	10/57	219 Hydrak	Test
Das Auto Motor und Sport	24/57	180	Test
Das Auto Motor und Sport	4/58	180 D	Test
Das Auto Motor und Sport	24/58	190 D	Test
Das Auto Motor und Sport	4/59	220 SE	Test
Automobilrevue	12/59	190/190D	Test
Motor Rundschau	2/60	190	Test
Das Auto Motor und Sport	6/60	180/190	Test
Automobil Revue (CH)	17/60	190/190 D	Kurztest
auto motor und sport	10/78	180 D	Reportage
Markt	3/82	180	Reportage
Motor Klassik	1/85	180	Kaufberatung
Automobil- und Motorrad-Chronik	7/85	180/180 D	Typengeschichte
Markt	7/85	180/180 D	Typengeschichte
Motor Klassik	2/86	190	Fahrbericht
Motor Klassik	7/86	220	Kaufberatung
Markt	2/87	Coupé/Cabrio	Typengeschichte
Motor Klassik	5/90	Cabrio	Fahrbericht